MARCELO CANEVAI

100 MAMÍFEROS ARGENTINOS

Con el auspicio de

Museo Argentino
de Ciencias Naturales
"Bernardino Rivadavia"

1903 - 2003
CIEN AÑOS
DE PARQUES

FUNDACIÓN
VIDA SILVESTRE
ARGENTINA

FUNDACIÓN
DE HISTORIA NATURAL
FÉLIX DE AZARA

Editorial ALBATROS

Coordinador de la Colección
Tito Narosky
Diseño Editorial
Jorge L. Deverill
Corrección
Cecilia Repetti

Fotos de tapa
Derecha: Puma *Puma concolor* (Mario Gustavo Costa)
Izquierda arriba: Murciélago gigante *Chrotopterus auritus* (Sofía Heinonen)
Izquierda centro: Lobo fino antártico *Arctocephalus gazella* (Mauricio Rumboll)
Izquierda abajo: Ciervo de los pantanos *Blastocerus dichotomus* (Marcelo Canevari)

Fotos de contratapa
Arriba: Oso hormiguero *Mirmecophaga tridactyla* (Gustavo Aprile)
Abajo: Zorro pampeano *Dusicyon gymnocercus* (Marcelo Canevari)

Se ha hecho el depósito que marca la ley 11.723.
Prohibida la reproducción parcial o total.

100 MAMÍFEROS ARGENTINOS
1ª edición - 5000 ejemplares
Impreso en New Press Grupo Editor
Buenos Aires 2003

Copyright © 2003 by EDITORIAL ALBATROS SACI
J. Salguero 2745 5º - 51 (1425)
Buenos Aires - República Argentina
E-mail: info@albatros.com.ar
www.albatros.com.ar

ISBN 950-24-1010-6

```
599    Canevari, Marcelo
CAN       100 mamíferos argentinos / Marcelo Canevari y
       Carlos Fernández Balboa.- 1ª. ed.- Buenos Aires :
       Albatros, 2003.
       160 p. : il. ; 22x15 cm.-(Guías de identificación)

       ISBN 950-24-1010-6

       I. Fernández Balboa, Carlos. II. Título - 1. Mamíferos-Guía
```

Dedicamos este libro a todos aquellos que alguna vez han sentido la emoción del encuentro con un mamífero silvestre.

Pintura rupestre de un guanaco en el Parque Nacional Francisco P. Moreno.

A Darío Podestá
Con afecto y admiración por sus imágenes que permiten "conservar" la naturaleza.

CF BAUBOA
9/8/04

Agradecimientos

A Mauricio Rumboll y Claudio Bertonatti, por la cuidadosa revisión del original. A Olga Vaccaro, jefa de la división mastozoología del Museo Argentino de Ciencias Naturales "Bernardino Rivadavia", por su permanente colaboración. A Andrea Valldosera y Horacio Grandío, por sus creativos retoques fotográficos. A Christian Blanco, por los trabajos de escaneo y limpieza. A Alejandro Arias, por la revisión técnica de los cetáceos. A Pablo Reggio, Fidel Baschetto, Gabriel Zunino y Gustavo Rodolfo Carrizo, por sus sugerencias en materia de formatos y contenidos generales. A Pilar García Conde, por su prolijo y paciente trabajo de mapeo y a Juan Carlos Chebez, por su dedicada revisión de los mapas de distribución geográfica. A Lucio Aquilanti por sus aportes bibliográficos. A Tito Narosky, por su idea inicial y su invitación a realizar este trabajo. A todos los fotógrafos que, al facilitarnos sus obras, permitieron generosamente que este libro pudiera ser realizado. A nuestras familias, por su colaboración y paciencia.

Uno nunca sabe...

Cada persona tiene sus razones para leer un libro. Y si este libro ha llegado a sus manos, como ha sido mi caso, por algo será. En lo que a mí respecta, ese "algo" tiene que ver con tres asuntos. El primero, los autores. Son dos amigos queridos, naturalista uno y educador, el otro. Ambos excelentes comunicadores de las cuestiones ambientales. Si escriben, es porque tienen cosas que contar. Y lo hacen con sensibilidad, seriedad y pasión.

Mi segunda razón es una obviedad: todos los lectores somos mamíferos. No viene mal conocernos mejor y aprender más sobre nuestros "semejantes". Más aún cuando se trata de especies compatriotas (para los que somos argentinos).

El último motivo es el más trascendente. Pone de manifiesto la necesidad de contar con un libro así en nuestra biblioteca. Le propongo que nos contestemos estas preguntas con franqueza: ¿cuántas especies de mamíferos habitan en nuestro país?, ¿a cuántos de ellos podemos reconocer con su nombre propio?, ¿qué sabemos sobre su forma de vida?, ¿tenemos idea acerca de cuáles habitan en los sitios naturales más próximos a nuestra casa?, ¿qué podemos opinar sobre las amenazas que sufren o sobre sus expectativas de supervivencia? Coincidiremos, seguramente, en que sabemos poco sobre nuestra fauna. Y tengamos presente que estamos reflexionando sobre... ¡los mamíferos!, que son los animales más llamativos, emblemáticos y populares. ¡Qué respuestas tendríamos, entonces, para analizar nuestros conocimientos sobre los anfibios, peces y pequeños invertebrados!

Ya vemos que necesitamos muchos libros como éste. Porque es sabido que no se puede cuidar lo que no se conoce. Y no podemos preocuparnos por la pérdida de aquello que no sabemos apreciar. Justamente, esta selección de cien mamíferos argentinos nos permite dar un primer y gran paso.

Descubriremos no sólo un muestrario de animales curiosos sino sus principales características y... ¡sus retratos!, tan ausentes de nuestros libros escolares... Detrás de muchas de estas imágenes y de los textos, hay horas de caminatas y exploración de pastizales, estepas, desiertos, montañas, bosques, selvas, lagunas, ríos, mares, playas y matorrales. Lógicamente, aquí no se dice todo, sino una síntesis a modo de álbum familiar donde las fotos son acompañadas por los comentarios más importantes (escritos, en este caso). Por eso, no nos extrañemos si al detenernos en este libro, estamos acompañados por estos dos amigos, como si nos contaran las historias de un centenar de otros amigos, que ya veremos, no están tan lejos. Y si no, pensemos en los refranes ("como peludo de regalo"), en los dichos populares ("pelea como un tigre") y en los símbolos o emblemas en los que ellos están presentes (los venados de las pampas en el escudo de la Provincia de San Luis o el nombre de *Los Pumas* para designar a la selección argentina de rugby). Ellos están, aunque a veces no los tengamos presentes. Y ojalá que este libro nos ayude a rescatarlos.

Se desconoce el efecto que puede desencadenar una lectura interesada. Tal vez despierte una vocación dormida hacia la zoología, la conservación de la naturaleza o la educación ambiental. Tampoco es imposible que un día de éstos los autores y otros lectores nos encontremos en una conferencia o leamos un artículo de una persona que se especializó en este tema porque tiempo atrás leyó... ¡este libro! Uno nunca sabe... Después de todo, escribimos sobre estos temas porque hemos leído o escuchado a quienes nos precedieron. Porque esto es como un ciclo, como el ciclo de la vida, donde unos pasan la posta a otros. Es mi deseo que caiga en sus manos esta hermosa y tremenda responsabilidad. Ahora, lo dejo tranquilo, para que disfrute de estos *100 mamíferos argentinos*.

Claudio Bertonatti

Introducción

Cuando un autor escribe un libro sobre una materia que lo apasiona, asume la responsabilidad de hacer "ese libro" que él hubiera querido leer cuando empezó a indagar sobre el tema. Ése es el caso de *100 mamíferos argentinos*. Nos hubiera gustado que este libro hubiera visto la luz muchos años antes, cuando nosotros comenzamos a involucrarnos en la causa de la educación ambiental y la conservación de la naturaleza. Pero, por diversas razones, esa obra —resumen sobre los mamíferos más significativos de nuestro territorio— no existía. Tuvimos que recurrir a obras más complejas, muchas de ellas excelentes como *Mamíferos sudamericanos* de Cabrera y Yepes, o tomar contacto con los especialistas para que nos dieran información sobre esas especies de mamíferos argentinos prácticamente desconocidas y que nosotros queríamos estudiar y dar a conocer.

Todavía hoy, cuando revisamos la sección de naturaleza en las librerías de la Argentina, encontramos más publicaciones sobre la fauna de África o de Europa que aquellas que tratan sobre nuestra naturaleza. Es muy poca la información accesible sobre los mamíferos y la que existe muchas veces es inaccesible económicamente, demasiado técnica o está agotada. Sin embargo, hay mucha gente trabajando y aportando conocimientos que aumentan día a día, y gracias a eso, pudimos encarar este trabajo para poder compartir esa pasión con ustedes, los lectores.

La mayor parte de los mamíferos son animales nocturnos que tienen colores miméticos y huyen de nosotros (casi siempre con razón). Esto hace que sea mucho más difícil contactar a este grupo que a otro, como el de las aves, las que tienen millones de observadores en todo el mundo. Pero, los mamíferos son animales apasionantes, con asombrosas adaptaciones, evolucionadas conductas y complejas vidas sociales. Al fin y al cabo nosotros también somos mamíferos y seguramente por eso mismo nos vinculamos de una manera diferente con un perro, un gato o un delfín que con peces, iguanas o canarios.

La Argentina tiene más de 370 especies diferentes de mamíferos para conocer. Más que los que se encuentran en toda Europa y aproximadamente la misma cantidad que los que viven en América del Norte. Muchos de ellos son pequeños roedores o murciélagos cuyas vidas aún no fueron estudiadas, pero hay otros como el mítico huemul de la Patagonia, el magnífico aguará guazú de las sabanas del Chaco o la elegante vicuña de nuestra Puna que, a pesar de formar parte de nuestras tradiciones, son casi desconocidos para la mayoría de nosotros. Posiblemente este desconocimiento sea la causa de que a estas especies les vaya tan mal. Al no conocerlas, no las valoramos y estamos permitiendo que desaparezcan.

Margay

Hemos tratado de dar forma a un libro que tuviera en un espacio reducido una buena base de información correcta y atractiva de cien de nuestros mamíferos. Elegimos cien porque así está pensada esta colección, pero en este caso nos parece un número apropiado para poder presentar un buen panorama de los mamíferos que habitan en nuestro país. Seleccionando cien se puede mostrar una buena parte de los animales emblemáticos, aquellos conocidos por los pobladores y que forman parte de las costumbres y tradiciones de nuestro pueblo, que son cazados para servir de alimento o para comercializar su piel, que causan problemas para la agricultura o que transmiten enfermedades. De todas maneras, en esta selección nos faltan importantes protagonistas. Esto se debe no sólo al número sino también a las limitaciones del material fotográfico. No encontramos, por ejemplo, una fotografía de la ballena azul, el mayor animal que haya existido en toda la historia de la Tierra y que merecería un lugar de honor. Nos hubiera gustado incluir además algunos animales particularmente interesantes por su importancia sistemática, como el ratón runcho que es el único representante argentino de un orden, o también alguna de las ratas de cola de pincel.

Esperamos que el libro despierte interés por buscar más información y también por salir al campo a conocer en vivo y en directo a nuestros animales. Ojalá que algunos de nuestros lectores aporten en el futuro nuevos conocimientos sobre la fauna de nuestro país y se preocupen por su conservación.

¿Qué es un mamífero?

Una buena manera de contestar esta pregunta es observándonos a nosotros mismos, ya que formamos parte de este evolucionado grupo de animales. Por lo pronto tenemos una estructura ósea que nos da sostén, protege nuestro sistema nervioso y permite la inserción de los músculos. Esto nos incluye entre los vertebrados junto con aves, reptiles, anfibios y peces. Pero varias características nos diferencian de ellos. Por lo pronto, los mamíferos somos el único grupo de vertebrados con pelos que, con más o menos abundancia, cubren el cuerpo y que por lo general ayudan a mantener la temperatura. La temperatura constante es otra de nuestras características: somos homeotermos al igual que las aves y eso nos diferencia de los reptiles, los anfibios o los peces cuya temperatura varía de acuerdo con aquella del ambiente. La homeotermia es una ventaja que ha convertido a los mamíferos en exitosos colonizadores de casi todo el planeta.

Pero el rasgo más importante de este grupo es aquel que dio origen al nombre "mamífero": viene de *mammalia,* que significa "ser con mamas". Después del nacimiento y durante un período de tiempo muy variable según la especie, la madre alimenta a sus crías con la leche que producen unas glándulas especiales llamadas "glándulas mamarias". La leche es un alimento rico en proteínas que cubre todas las necesidades de la cría y asegura su rápido desarrollo. Pero, además, la lactancia genera una etapa más o menos larga durante la cual se establece un fuerte vínculo madre-hijo que permite la transmisión de conocimientos.

Si observamos los huesos de la cabeza de un mamífero, encontraremos otras notables particularidades. Una de ellas es la forma de la articulación de la mandíbula. En los reptiles sinápsidos de los cuales se originaron los mamíferos la mandíbula está formada por varios huesos. Uno de ellos, el articular, se vincula con el cráneo a través del hueso cuadrado. En cambio, en los mamíferos la mandíbula está formada por un solo hueso, el dentario, que articula con el cráneo. El cuadrado y el articular se incorporan al oído medio para formar el yunque y el martillo.

Por último, vale la pena analizar nuestros dientes, diferenciados de acuerdo con su función en incisivos, caninos, premolares y molares. Ningún otro grupo de vertebrados posee esta particularidad.

Reptil sinápsido El cráneo y la mandíbula se vinculan por el articular y el cuadrado.

Cuadrado
Articular
Dientes sin especialización

Mamífero El cuadrado y el articular se incorporaron al oído medio

Arco cigomático
Dientes diferenciados en incisivos, caninos, premolares y molares
El cráneo y la mandíbula se articulan por el hueso dentario

Aunque todos los mamíferos reúnen las características mencionadas hasta aquí, cuando se los compara entre sí aparecen diferencias que nos hablan de distintas ramas evolutivas. Existe un grupo muy especial cuyos hijos nacen de huevos. Son los monotremas de Australia y Nueva Zelanda. La hembra de estos animales no tiene pezones y la leche mana de unas glándulas que lame la cría. Un segundo grupo es el de los marsupiales, cuyas crías nacen en un estado embrionario y completan el desarrollo prendidos de una mama dentro de una bolsa que tiene la madre. Y, por último, estamos aquellos que comenzamos el desarrollo en un alojamiento especial llamado "placenta", en el interior de nuestra madre, que nos transporta hasta el momento del nacimiento.

La plasticidad de los mamíferos es asombrosa. Desde un primitivo grupo de pequeños animales que convivieron con los dinosaurios evolucionó y se diversificó de manera tal que desarrolló los más variados y perfectos sistemas de locomoción, las más complejas formas de comportamiento y evolucionadísimos grupos sociales. Hoy, los mamíferos comprenden desde murciélagos que se desplazan por el aire y no llegan a pesar 2 gramos hasta la ballena azul, que habita los océanos y pesa 150 toneladas, desde un colicorto que sólo vive un año hasta la especie humana, que puede superar los ochenta o desde las comadrejas que tienen camadas de 15 crías hasta el elefante que tiene sólo una. Y sin embargo, todos ellos reúnen las características que mencionamos antes.

Trepan, saltan, nadan, vuelan y caminan por este planeta. Hay más de 4.000 especies de mamíferos, y en la Argentina unas 350 variedades nos recuerdan que el *Homo sapiens* no está solo. Y es que después de la desaparición de los dinosaurios, los mamíferos estamos dominando la Tierra y todos venimos de un pequeño antepasado común.

El origen de los mamíferos de América del sur

Como dijimos antes, todos los mamíferos estamos emparentados y provenimos de pequeños animales que hace 210 millones de años, cuando sólo existía un único supercontinente llamado "Pangea", vivían a la sombra de los dinosaurios, quienes dominaban el planeta. Hace 180 millones de años, Pangea comenzó a fracturarse y 40 millones de años después se formó por un lado Laurasia integrada por lo que hoy son Eurasia y América del Norte, y por el otro Gondwana, formada por Antártida, África, Oceanía y América del sur.

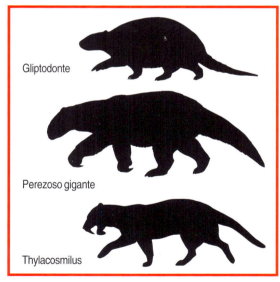

Hace 130 millones de años también Gondwana comenzó a fragmentarse. América del sur siguió conectada con Australia por medio de la Antártida, que era en ese momento un continente cubierto de selvas y sabanas, pero comenzó a separarse de África, al tiempo que se formaba el Océano Atlántico. Durante este larguísimo período, los mamíferos continuaron existiendo como pequeños seres que ocupaban algunos nichos vacantes en un mundo de dinosaurios.

Pero, de manera brusca, 65 millones de años atrás los dinosaurios desaparecieron masivamente. Se piensa que el choque de gigantescos meteoritos modificó profundamente las condiciones ambientales y climáticas del planeta y que los dinosaurios no pudieron adaptarse a estos cambios. Se abrió entonces una oportunidad para los pequeños animales cubiertos de pelos que amamantaban a sus hijos. En un tiempo relativamente corto, el registro fósil muestra un cambio drástico. Diez millones de años más tarde un inmenso y variado número de animales nuevos dominaba la Tierra.

Para ese entonces América del sur, que había terminado de separarse del resto de los continentes, generó sus propias especies bien diferentes de las que evolucionaron en otras regiones.

Uno de los grupos que se destacaron fueron los marsupiales, que tenían en ese entonces una mucho mayor diversidad que la que llegó hasta nuestros días. Algunos de ellos, como los borhyaénidos eran carnívoros de gran tamaño. Otros, como Thylacosmilus, cuyo cráneo puede verse en el Museo Argentino de Ciencias Naturales, era similar a un felino de dientes de sable y usaría sus colmillos para atravesar la gruesa piel de sus presas.

Otro orden exclusivo de América del sur fue el de los Edentados (Xenarthra), que se desarrolló con éxito en los nichos más variados y que todavía existe en nuestros días, pero con apenas un resto de su antiguo esplendor. Estuvo representado por los gigantescos milodontes y megaterios, antepasados de nuestros perezosos, y también por los gliptodontes, inmensas versiones de los armadillos actuales. Prueba de su abundancia es que sus restos aparecen de vez en cuando en la excavación de un nuevo edificio o de una nueva línea de subterráneo. Florentino Ameghino encontró varios de estos fósiles en las barrancas del Río Luján y es frecuente su hallazgo en los acantilados costeros de los alrededores de Mar del Plata.

Pero hubo otros órdenes que no sobrevivieron hasta nuestros días: los Notungulados, gigantes herbívoros cuyo aspecto en vida recordaría a un hipopótamo, y los Liptopternos, algunos de ellos con el aspecto de un pequeño caballo y otros más semejantes a un camélido.

Sin embargo, el aislamiento de América del sur no fue completo y en diferentes momentos de su historia los contactos con otros continentes permitieron que otra fauna se sumara al conjunto. Algunos, como los monos y ciertos roedores antepasados de carpinchos y vizcachas llegaron desde África cuando aún la separación no era total. Otros migraron en diferentes momentos desde América del Norte a través de islas que conformaban un contacto intermitente con Sudamérica.

Pero ninguna de estas invasiones generó un impacto tan dramático en la fauna local como la formación del puente centroamericano hace unos tres millones de años. A través de este puente se generó un intercambio que modificó totalmente el panorama de mamíferos de América del sur. Entre los nuevos migrantes llegaron carnívoros como osos, cánidos, félidos y mustélidos. También llegaron ciervos y camélidos, tapires y pecaríes e incluso antiguos caballos y mastodontes que más tarde desaparecieron.

Hubo una rápida adaptación de los nuevos colonizadores, pero también una gran extinción de especies locales. Por último, llegó el hombre quien también modificó las cosas. Los restos de los primeros habitantes aparecen asociados a los animales que cazaba y muchos de estos animales ya no existen.

En un juego imaginativo pensemos en nuestras pampas recorridas por manadas de mastodontes como si fueran elefantes en las sabanas africanas, compartiendo el espacio con grandes gliptodontes, manadas de caballos acechadas por tigres dientes de sable, perezosos gigantes ramoneando un algarrobo e inmensos toxodontes sumergiéndose en un bañado. Estas imágenes eran frecuentes hasta no hace mucho tiempo, quizás 8.000 años o menos. Hoy los restos fósiles de esta megafauna sudamericana son la evidencia de una época que quedó definitivamente en el pasado.

Los que estudiaron nuestros mamíferos

Los especialistas en el estudio de los mamíferos se denominan "mastozoólogos". Mucho antes de que se creara esta especialización de la zoología, una serie de personajes abrió camino para el conocimiento de los mamíferos argentinos. A la llegada de los primeros conquistadores a nuestro territorio, se produjo una serie de confusiones propias de aquellos que no eran especialistas, sino más bien observadores ocasionales de esa naturaleza nueva que descubrían, y que era en algunos casos curiosa y en otros útil. Las primeras identificaciones remitían a la comparación con otras especies que ya se conocían de Europa o de otras regiones que habían sido exploradas con anterioridad al continente americano. Así, el guanaco o la llama pasaron a ser "la oveja de la tierra"; la mara fue " la liebre"; el tapetí, "el conejo del palo"; el coipo, "la nutria"; el puma, "el león"; el yaguareté, "el tigre"; y el carpincho, "el cerdo del agua". A estas confusiones, propias del ansia del conocimiento, había que agregar las supersticiones o la fantasía que tan bien nos describe en *Para un bestiario de Indias* Alberto Salas, donde los lobos marinos eran "hermosas" sirenas; las ballenas, monstruos medievales; y los murciélagos, aves que se transformaban de noche. Un antecedente de este período queda reflejado en la narración de uno de los almirantes de Cristóbal Colon, Vicente Yáñez Pinzón, quien llevó a España una comadreja (en realidad era un marsupial que no tiene parentesco con las comadrejas europeas).

Mocovíes cazando pecaríes por Florián Paucke.

Los Reyes católicos y su corte contemplaron con estupefacción la bolsa con los cuatro hijos y cómo éstos se escondían en ella o permanecían montados sobre el lomo de la madre aferrándose con sus colitas, manos y pies. "Y a la maravilla de este animal que tenía aparentemente una matriz dentro y otra fuera, siguió la maravilla de los micos que, con la cola, podían asir los objetos o colgarse de los árboles, aun después de muertos."

Entre los primeros observadores que dejaron escritos sobre la naturaleza de América merece mencionarse a muchos misioneros de la Compañía de Jesús, quienes fueron el grupo religioso que realizó mayores aportes a la ciencia y la cultura argentina. Hasta su expulsión en 1767, se ocuparon de las distintas manifestaciones de nuestra naturaleza, de la que los mamíferos era una de las más conspicuas.

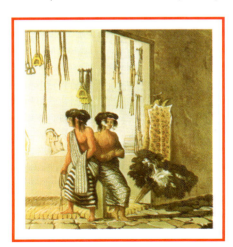

Indios Pampas en un negocio de Buenos Aires en el que se exhiben una piel de yaguareté y plumas de ñandú.
Acuarela de Emeric Essex Vidal.

Martín Dobrizhoffer, quien llegó al Río de la Plata en 1749, nos legó interesante información sobre los mamíferos argentinos en su obra escrita en alemán *Vida entre los Abipones*. Amigo y compañero de congregación de Dobrizhoffer fue Tomás Falkner, de origen inglés. Discípulo de Newton en las matemáticas, recorrió nuestro país al que llegó en 1730. En 1774 publicó en Inglaterra su libro *Descripción de la Patagonia* que contiene valiosas referencias históricas como la mención de que en el Tuyú los tigres "abundan como no he visto en otra parte alguna".

Ilustración de osos hormigueros por Florián Paucke.

Pero, de todos los naturalistas jesuitas, el que realizó aportes más originales fue Florián Paucke, quien vivió en la región chaqueña durante los años 1749 y 1767. Especialmente interesado en la historia natural, matizaba la catequización de los mocovíes con la observación detenida de la naturaleza y el uso que los nativos hacían de ella. Gracias a su libro *Hacia allá y para acá, una estadía entre los mocovíes,* profusamente ilustrado por el autor, podemos tener una idea de los usos alimenticios, medicinales y religiosos que los nativos hacían de la fauna y la flora chaqueña.

Félix de Azara

Quizás el primer mastozoólogo del territorio del Río de la Plata, que por entonces incluía al Paraguay, fue Félix de Azara, un militar español que había sido enviado a América en 1781 como comisario en la demarcación de las fronteras pactadas con Portugal y que, en sus ratos libres, despuntaba el vicio de excelso naturalista. Las primeras serias descripciones anatómicas y de conducta de nuestros mamíferos se las debemos a su meticuloso trabajo *Apuntamientos para la historia natural de los cuadrúpedos del Paraguay y Río de la Plata,* de 1802. En varias especies de este libro repetimos parte de sus textos.

No podemos dejar de mencionar ese período que la historiografía denomina como "el de los viajeros". Muchos comerciantes, aventureros e investigadores ingleses, franceses, españoles y alemanes realizaron un aporte sustancial al conocimiento de nuestra naturaleza durante gran parte del siglo XIX. Entre ellos se destacan los naturalistas que realizaron sus viajes inspirados en la maravillosa obra de Alexander Von Humboldt, luego de su estadía en el norte de América del Sur entre los años 1799 y 1804, acompañado por su amigo, el botánico Aimé Bonpland.

Entre ellos merece destacarse el naturalista francés Alcide d´Orbigny, que por encargo del Museo Nacional de Historia Natural de París, recorrió el sur de América austral entre los años 1826 y 1833. Su *Viaje a la América meridional* fue comentado por Charles Darwin como uno de los monumentos de la ciencia del siglo XIX. Charles Darwin es otro de los grandes viajeros que recorrió la Argentina como parte de su viaje alrededor del mundo como naturalista del Beagle. Darwin describió y predijo la extinción del zorro de Malvinas, el único mamífero desaparecido por la mano del hombre de nuestro país.

Zorro de Malvinas, de la obra de Waterhouse y Darwin.

Entre 1857 y 1860, otro de los grandes investigadores que recorrió la Argentina fue Germán Burmeister (1807-1892), quien fue luego nombrado el primer director científico del Museo Público de Buenos Aires, hoy Museo Argentino de Ciencias Naturales "Bernardino Rivadavia", cargo que ocupó hasta su muerte. Su aporte a los estudios paleontológicos y de la fauna mamífera nacional inspiraron a Florentino Ameghino (1854-1911), quien infundió un desarrollo increíble en el estudio de toda la naturaleza y la ciencia del país. Fue el primer "sabio" argentino reconocido a nivel internacional. Por aquel entonces, otro naturalista, Eduardo Ladislao Holmberg (1852-1937), médico, literato y fundador del jardín zoológico nacional es el primer argentino que realizó un inventario más o menos completo de nuestra mastofauna, inserto en el primer censo nacional del año 1910.

Ángel Cabrera

Los estudios mastozoológicos de la Argentina tomaron un gran impulso con la llegada en el año 1925 de Ángel Cabrera, que había nacido en Madrid en 1879 y permaneció en la Argentina hasta su muerte en 1960. Aunque fue nombrado jefe de Paleontología del Museo de La Plata, gran parte de su vasta obra trata sobre los mamíferos vivientes. Pero además de los trabajos científicos generó obras de divulgación y trabajos como su *Manual de mastozoología* editado en Madrid y que colaboró con la formación de dos generaciones de argentinos. En 1954 junto con José Yepes producen la primer obra enciclopédica que incluye a los mamíferos de Argentina: *Mamíferos sudamericanos*. Para nosotros, éste es el trabajo mejor escrito y con mayor riqueza literaria que se haya producido sobre el tema ya que, además de observaciones de campo sobre cada especie, los autores agregaron datos folclóricos de usos populares y aspectos literarios.

Motivos de espacio nos obliga a instalar un incompleto listado de nombres. Esperamos despertar la curiosidad del lector y le planteamos el desafío de rastrear las historias y publicaciones de algunos naturalistas y científicos que dedicaron sus vidas para un mayor conocimiento de nuestra naturaleza, como Lucas Kraglievich, Clemente Onelli y Francisco P. Moreno.

Más cerca de nuestro tiempo, Osvaldo Reig es considerado el único biólogo evolucionista que trascendió ampliamente nuestras fronteras desde los tiempos de Ameghino. También Oliver Pearson, Jorge Crespo, Abel Fornes, Virgilio Roig, Marta Piantanida, Julio Contreras y Fernando Kravetz se suman a la lista de los que aportaron mucho por el conocimiento de nuestros mamíferos.

Queremos culminar esta cronología recordando a dos destacados investigadores que hemos tenido el privilegio de conocer y apreciar no sólo por el producto de su labor científica sino también por su calidad humana. Claes Christian Olrog (1912-1985) fue un maestro que formó a una nueva generación de investigadores. Junto con Magie Lucero realizó la primera —y hasta ahora única— *Guía de los mamíferos argentinos*, con ilustraciones esquemáticas y textos modestos.

Elio Massoia (1936-2001) fue un investigador incansable. Desde el INTA de Castelar o el Museo Argentino de Ciencias Naturales sorprendió a sus colegas con su profundo conocimiento sobre las características craneanas de grupos complicados, como el de los roedores o los quirópteros. En sus últimos años realizó aportes destacados gracias al uso de las egagrópilas (regurgitados de aves nocturnas) para obtener los cráneos de roedores. Nos legó más de 40 especies clasificadas o reclasificadas para la ciencia en más de 300 publicaciones científicas.

El estudio de los mamíferos hoy

En el año 1983 se creó la SAREM (Sociedad Argentina para el Estudio de los Mamíferos), que nuclea a los especialistas que abordan el estudio de estos animales desde una perspectiva profesional. Muchos de los trabajos científicos, informes técnicos y resúmenes de reuniones realizados por estos especialistas han servido para poder realizar la publicación que el lector tiene en sus manos. La investigación sobre nuestros mamíferos brinda la base de la información que permite tomar medidas para su conservación en la naturaleza, conocer los procedimientos necesarios para su control en caso de especies transmisoras de enfermedades o que son plagas silvopastoriles, o determinar las pautas de manejo para su aprovechamiento económico como proveedores de materias primas.

Valga nuestro homenaje y recuerdo a todos aquellos hombres que en algún momento estudiaron y volcaron su pasión por nuestros mamíferos argentinos. Nuestra tarea de divulgación sobre estas especies no sería posible sin la tierra fértil que ellos oportunamente supieron labrar.

Uso del libro

Hemos tratado de condensar en el reducido espacio de una página la información necesaria como para que este libro permita el reconocimiento en el campo de cada mamífero tratado y que ofrezca además el conocimiento sobre su biología, sus relaciones con el hombre y el estado de conservación.
Damos a continuación una breve explicación de los distintos contenidos de la página de cada especie.

Fotos

Cada uno de los cien mamíferos seleccionados tiene una o dos fotos que la representan. Muchos amigos colaboraron con el aporte de material y muchas veces resultó difícil elegir entre varias fotos la que fuera más representativa. Pero también hubo especies para las que sólo existía una única foto, y otras especies de las que no conseguimos ninguna.

Nombres vulgares

La mayoría de las especies de mamíferos tiene una buena cantidad de nombres comunes. En muchos casos, estos nombres son los usados por las culturas originarias, como guaraníes, quechuas o mapuches. Otros son nombres en español, que en algunos casos están muy generalizados por el uso y otras veces son exclusivos de alguna región o sólo existen en los libros. Para unificar criterios, decidimos usar para cada especie el nombre vulgar del trabajo de Heinonen y Chebez sobre los mamíferos de los Parques Nacionales de la Argentina. Pero nos pareció interesante incluir otros nombres que fuimos recopilando. Algunos de ellos son de pueblos indígenas que hoy ya no existen por lo que los agregamos como un homenaje a quienes nos precedieron en estas tierras. Agregamos además los nombres en portugués e inglés ya que mucha bibliografía sobre mamíferos aparece en estos idiomas y además podrá servir como consulta para los extranjeros interesados.

Nombres científicos

A continuación del nombre común, figura el nombre científico. De acuerdo con las reglas de la nomenclatura científica, cada especie tiene un nombre único en latín. Este nombre que identifica de manera indudable a cada animal o planta se representa con dos palabras. La primera, que se escribe con mayúscula, hace referencia al género, el que puede ser común a varias especies que tienen un cierto parentesco entre sí. La segunda palabra hace referencia a la especie y se escribe con minúscula. Además, el nombre científico está acompañado del nombre de la persona que describió la especie y el año en que lo hizo. Cuando el nombre figura entre paréntesis significa que en revisiones posteriores la especie se incluyó en un género diferente al de la descripción original. Los lectores encontrarán que los nombres científicos pueden variar según los trabajos consultados. Esto se debe a las revisiones y estudios que aportan nueva información.

Textos

Para cada especie se incluye un texto general. Intentamos incluir la información más importante, pero nos pareció interesante incluir algunos datos del folclore, los usos o los comentarios de naturalistas y viajeros ya que esos datos los vinculan con nuestro pueblo y nuestra historia. El espacio para los textos es reducido y tuvimos que seleccionar y recortar. Pero a veces es tan poco lo que se sabe acerca de las costumbres de algunas especies que no completamos el espacio acordado.

Como una manera de complementar la información de las cien especies hicimos un capítulo introductorio de los órdenes y las familias cuya explicación figura al final de este capítulo.

Fichas de conservación

En mayor o menor medida, todas las especies de la Argentina han sufrido las consecuencias de convivir con nosotros. Casi todas han visto reducido su territorio y muchas han sido cazadas hasta casi su extinción. Las menos se han beneficiado de los cambios que generamos en el ambiente. Para plantear esta situación se incluye una ficha que cuenta algunos de los problemas que la especie sufre y la situación en que se encuentran sus poblaciones en la Argentina y a veces también en el mundo.

Vulnerable a nivel nacional. Su conservación reviste particular importancia porque es el único representante vivo del orden. Al parecer se trata de una especie abundante y protegida en varios de los parques nacionales andino-patagónicos, pero al mismo tiempo es endémica de un hábitat constantemente amenazado por el desarrollo de la industria maderera e incendios. Tiene una pequeña área de distribución geográfica.

Usamos un círculo rojo ●, amarillo ● o verde ● que, como un semáforo, indica peligro, genera alerta o causa despreocupación. Para establecer estas categorías: vulnerable, amenazado, etc, se siguió el trabajo compilado por Gabriela B. Diaz y Ricardo Ojeda, "Libro rojo de mamíferos amenazados de Argentina" año 2000. SAREM. Sobre la opinión de mas de 30 especialistas esta obra es tomada como la lista oficial de las autoridades nacionales.

Siluetas

Muchas de las fotos, aun cuando sean de buena calidad, no muestran al animal de cuerpo completo y por eso incluimos una o dos siluetas de cada especie. Las siluetas pueden servir para el reconocimiento de los mamíferos en el campo ya que muchos de ellos son nocturnos o se mueven a contraluz entre el ramaje. Por otro lado, la mayor parte de las veces ver mamíferos no es tan sencillo como aves. Casi siempre la visión que uno tiene de ellos es fugaz mientras cruzan a la carrera una ruta o una picada en la selva. Por ello puede quedar más grabada en nuestra retina la forma que los colores. Para dibujar las siluetas usamos fotos, anotaciones y apuntes recopilados durante muchos años.

Mapas

Cada especie tiene un mapa con la distribución conocida. El mapa puede resultar muy útil en el momento de confirmar el registro de un animal que vimos o su descarte. Estos mapas están hechos en base a la información volcada durante años de recopilación de datos en donde se ha punteado el material de la colección del Museo Argentino de Ciencias Naturales, los avistajes personales o de observadores confiables y las citas bibliográficas. Pero, si bien estos mapas dan una idea bastante aproximada, todavía hay mucho por conocer. Un ejemplo de esto es que una semana atrás de escribir estas líneas recibimos la información

del primer encuentro de un oso melero en la provincia de Catamarca. Pero también —y esto es mucho más frecuente— ocurre lo contrario. Muchas especies están reduciendo su distribución debido a los cambios que el hombre produce en el ambiente. Por eso en varios casos hicimos mapas con la distribución de la especie en el pasado y en la actualidad. Para los datos históricos usamos colecciones y datos de viajeros. Esto puede servir para tomar conciencia de la manera en que estamos cambiando nuestro país. En estos casos se marcó el registro histórico ▇ , el actual ▇ y el dudoso ? .

Rastros

Ya hemos dicho que por lo general los mamíferos no son fáciles de observar y por eso con un ojo entrenado y un trabajo igual que el de un detective es posible descubrir la presencia, la abundancia o las costumbres de muchas especies gracias a sus rastros. Por ejemplo, los ciervos o los pecaríes marcan claramente sus dos pezuñas que varían de tamaño y forma en cada especie. Los zorros dejan la marca de cuatro dedos con las uñas, mientras que los gatos que retraen las uñas dejan una huella más redondeada.

Además de las huellas hay otros indicios de la presencia de un animal, como sus excrementos. La forma y el aspecto varía con cada especie y pueden servir además para conocer las dietas. Toparse en una picada misionera con los excrementos del "tigre" con restos de pelos de pecarí, es algo que no se olvida. Los ciervos se raspan los cuernos contra las ramas, las ardillas dejan las nueces del nogal o las semillas de palmera roídas de una manera típica. Con entrenamiento podemos aprender mucho sobre la vida de una especie.

Especies introducidas

En un primer momento de nuestro proyecto, las especies introducidas formaron parte de las cien especies descriptas. Pero en la medida en que tuvimos fotos de cien nativas dejamos a las especies exóticas para un capítulo final que sirviera de llamado de atención. Los problemas que causan estas especies no es responsabilidad de ellas. Nosotros las trajimos.

Medidas

En general, para las descripciones y el reconocimiento de las especies se usa una serie de medidas tipo. En el cuadro sólo incluimos el peso, el largo de la cabeza y el cuerpo y el largo de la cola. En algunos casos también la alzada en la cruz. Y para los murciélagos la envergadura alar que, aunque no es una medida que normalmente se utilice, sirve mejor que el largo para dar una idea del tamaño de estos animales. Pero hay otras medidas que

Cabeza y cuerpo: 40 cm
Cola: 15 cm
Peso: 1,2-2,3 kg
Gestación: 60 días
Crías: 1-3

siempre se utilizan y las mostramos en el dibujo. Si usted encuentra un animal muerto en la ruta y quiere registrar su presencia, puede ser útil que conozca cuáles son las medidas que se deben tomar.

Envergadura alar

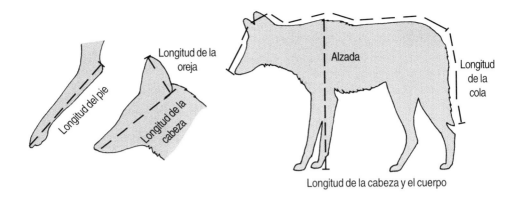

Órdenes y familias

El libro sigue un orden sistemático: El origen del sistema moderno de nomenclatura se remonta a 1758, fecha de publicación del "Sistema Naturae" de Linnaeus. Clasificar es ubicar organismos en categorías. A tal fin se sigue el siguiente esquema: Reino, Clase, Orden, Familia, Genero y Especie. Para dar un ejemplo utilizaremos al Yaguareté.

Reino: Animal
Clase: Mammalia (correspondiente a todos las especies tratadas en este libro)
Orden: Carnivora
Familia: Felidae
Género: Leo
Especie: Leo onca

Se verá que al comienzo de cada orden hay una página introductoria que presenta las características del mismo. A continuación se incluyen las familias de cada orden con sus características y la cantidad de especies presentes en la Argentina. Para aquellas familias que no están incluidas en el libro hemos agregado siluetas que las grafiquen. Aprovechamos también este espacio para agregar material grafico complementario como fotos de rastros, huellas, siluetas y también fotos de otras especies asociadas.

Marsupiales

Los marsupiales son un grupo de mamíferos que tienen como característica la de venir al mundo en un estado embrionario, para completar el desarrollo prendidos de una mama en una bolsa especial que tiene la madre en el abdomen. Es un grupo primitivo de mamíferos cuyo origen se remonta al continente de Gondwana, cuando América del sur, África, Antártida y Oceanía estaban unidos. Hasta hace pocos años todos los marsupiales sudamericanos integraban el orden Marsupialia junto a aquellos de Oceanía como el diablo de Tasmania, los canguros, los cuscuses, el koala y otra inmensa diversidad de formas. Estudios actuales separaron a los representantes de estos dos continentes. Los marsupiales de América del sur se dividieron en tres órdenes de los cuales Didelphimorphia es el que posee mayor número de representantes actuales. Son animales de tamaño mediano a pequeño, la mayoría de ellos arborícolas y poseedores de una cola prensil. Algunas especies, sobre todo aquellas de tamaño pequeño no poseen bolsa marsupial.

Orden Didelphimorphia

Familia Didelphidae (comadrejas, mbicurés, colicortos y otros)

Los representantes de esta familia se caracterizan porque todos ellos tienen cola prensil y, al menos parcialmente pelada. Además, no tienen uña en el dedo pulgar de los pies. Este dedo se opone a los otros cuatro de manera semejante al de nuestra mano, lo que les permite aferrarse a las ramas y tomar el alimento. El aspecto de estos animales es característico. Poseen un cráneo largo y estrecho con la caja cerebral achatada y pequeña. El hocico es puntiagudo con la nariz

El colicorto pampeano (*Monodelphis dimidiata*) vive sólo un año.

abultada y la boca muy amplia. En sólo dos géneros de esta familia las hembras tienen bolsa marsupial. En el resto, o bien no existe o es solamente un plegamiento de la piel. Casi todos ellos son buenos trepadores, pero en tierra son relativamente lentos y torpes. La gestación es muy corta —hasta tres semanas— y las crías, que pueden ser hasta dieciséis, nacen en un estado muy embrionario —sin ojos ni orejas— y se arrastran hasta las mamas de la madre de las que se prenden fuertemente y permanecen allí hasta que pueden comenzar su vida independiente. El padre Sánchez Labrador en su obra *Paraguay católico* escrita en 1770 hace una curiosa y correcta descripción de sus características reproductivas: "*Lo singular de esta bestezuela es que en lo inferior del vientre tiene una bolsa larga formada de dos pellejos. En medio de ella hay una abertura que es como la puerta, la cual abre y cierra cuando le da la gana. En esta bolsa, después de parirlos, encierra los hijos hasta que ya grandes los echa fuera. Mientras los hijos viven encerrados en aquel seno, están asidos a los pezones de las tetas de la madre chupándoles la leche".*

En la Argentina, esta familia está representada por diez géneros y dieciocho especies.

Orden Paucituberculata

Familia Caenolestidae (ratón runcho)

Recientemente se descubrió para la zonas más húmedas de los bosques andino-patagónicos (en la región de Puerto Blest, Argentina) un pequeño marsupial, el ratón runcho o comadrejita trompuda, que hasta ahora era sólo conocido para Chile. Hasta el presente, este orden con una sola familia, no estaba citado para nuestra fauna. No está representada la fotografía ni la ficha en nuestro libro.

Ratón runcho (*Ryncholestes raphanurus*)

Orden Microbiotheria

Familia Microbiotheriidae (monito del monte)

Este orden con una sola familia fue numerosa en el pasado, pero hoy tiene un único representante viviente. Es un animal pequeño e insectívoro, de costumbres arborícolas y con un marsupio bien desarrollado.

Monito del monte

Familia Didelphidae

1 Comadreja picaza

Didelphis albiventris Lund, 1840
Otros nombres: comadreja común u overa, comadreja mora, zarigüeya; mbicuré-eté (guaraní); gambá de orelha branca (portugués); white eared opossum (inglés).

Evidentemente, la comadreja picaza es un animal preparado para los cambios. No sólo se adaptó para sobrevivir frente a nuestra agresiva especie humana, sino que incluso aprendió a convivir y aprovecharse de nosotros. La prueba es que este admirable pariente de los canguros se las ingenia para vivir en los jardines periurbanos y las quintas. Como es un hábil trepador, durante el día se esconde en huecos de árboles, para salir cuando oscurece a revisar tachos de basura, buscar frutas, insectos, lombrices, ranas, ratones, pero también huevos, pichones o aves que a veces encuentra en los gallineros. Es un animal lento que, cuando está acorralado, amenaza abriendo la boca al tiempo que emite un olor desagradable. Si los problemas son más serios, la comadreja picaza puede hacerse la muerta y esperar la oportunidad para desaparecer. En el parto las crías, que apenas miden un centímetro y medio de largo, se arrastran hasta la bolsa marsupial y se adhieren fuertemente a los pezones hasta que son lo suficientemente grandes como para aventurarse al mundo exterior y pasearse tomados de los pelos y la cola de la madre. La lactancia dura cerca de dos meses.

🟢 Su población es abundante y está ampliando su distribución en ambientes modificados por el hombre. Se la combate porque saquea gallineros. Años atrás su piel se utilizó en peletería. Los mocovíes del Chaco usaban su cuero para hacer bolsas. En algunas regiones la cazan para comer su blanca carne a la que le atribuyen propiedades curativas.

Cabeza y cuerpo: 35-45 cm
Cola: 30-40 cm
Peso: 1,2-2,1 kg
Crías: 4-14
Gestación: 14-15 días

Familia Didelphidae

2 Comadreja de orejas negras

Didelphis aurita Wied-Neuwied, 1826
Otros nombres: mbicuré cangrejero; mbicuré-hú (guaraní); black-eared opossum (inglés).

Muy semejante a la comadreja picaza, el mbicuré-hú (comadreja negra) de los guaraníes es un habitante de las selvas del noreste donde prefiere las cercanías de cursos de agua. Nocturna y solitaria, la comadreja de orejas negras sólo se puede encontrar en parejas durante la temporada reproductiva. Durante el día descansa en nidos que construye con hojas entre las raíces o dentro de huecos de árboles y sale durante el crepúsculo a la caza de insectos, crustáceos, ratones e incluso víboras, aunque también compone una buena parte de su dieta con frutas y a veces néctar. Puede tener dos camadas por año. La hembra tiene una bolsa marsupial en el vientre donde se alojan las crías que al nacer son muy pequeñas. Lo mismo que su pariente, la comadreja picaza, en caso de una agresión amenaza abriendo la boca para mostrar sus pequeños y numerosos dientes al tiempo que emite un siseo y expele un olor desagradable por unas glándulas que tiene a la salida del intestino recto. En nuestro folclore y particularmente en la medicina popular del Litoral argentino, debido a la gran cantidad de crías que tiene y por el principio "mágico" de la transmisión de las propiedades del animal al hombre, suele colocarse un cuero de comadreja en la cama de las parturientas con el objetivo de inducir un buen parto.

Preocupación menor. Se desconoce su situación poblacional. Al estar asociada a la selva misionera, puede estar disminuyendo a la par de la destrucción de este ambiente.

Cabeza y cuerpo: 30-40 cm
Cola: 31-39 cm
Peso: 0,6-1,6 kg
Crías: 7
Gestación: 14-15 días

Familia Didelphidae

3 Comadrejita ágil

Gracilinanus agilis (Burmeister, 1854)
Otros nombres: comadrejita rojiza, comadrejita enana; anguyá-guaikí (guaraní).

Esta pequeña y atractiva comadrejita es un elusivo habitante de selvas y pastizales húmedos. Como la mayoría de los didélfidos, es una hábil trepadora que construye su nido con pastos y fibras vegetales en huecos de árboles, bajo troncos caídos o entre matorrales. También se la ha encontrado viviendo en las aglomeraciones de la "barba de monte" o "cabello de ángel", una bromeliácea de hojas muy finas que cuelga de las ramas de los árboles. Tiene hábitos nocturnos y se pasa el día durmiendo en estos refugios. Durante la noche sale en busca de presas y entonces todos sus movimientos son ágiles y vivaces. Captura mariposas, coleópteros, moscas y otros insectos. Además se alimenta de frutas y en cautiverio bebe agua con frecuencia. Para comer se sienta sobre sus cuartos traseros como hacen las ardillas y toma el alimento con las manos que tienen el pulgar oponible. Esta comadrejita es presa habitual de las lechuzas, lo que permite detectar su presencia en una determinada localidad. Es que las aves rapaces regurgitan las partes no digeridas de sus presas, por lo que sus cráneos junto con otros restos de huesos y pelos aparecen cuando se revisan los bolos de regurgitación que quedan debajo de los dormideros de las lechuzas.

● Considerada como una especie potencialmente vulnerable. Sus poblaciones parecen naturalmente poco abundantes en la Argentina.

Cabeza y cuerpo: 7-10 cm
Cola: 9-16 cm
Peso:
Crías: hasta 12

Familia Didelphidae

4 Comadreja colorada

Lutreolina crassicaudata (Desmarest, 1804)
Otros nombres: cuica, coligrueso; mbicuré-pitá (guaraní); cuica da cauda grossa (portugués); thick-tailed opossum, red water-possum (inglés).

Nuestras "comadrejas" no tienen ninguna relación con las comadrejas de Europa que son unos pequeños y feroces cazadores del orden Carnívora. Pero seguramente, el nombre de comadrejas que usamos para nuestros marsupiales fue puesto por los españoles cuando conocieron la comadreja colorada, cuyo cuerpo alargado nos recuerda al de su homónimo europeo. Para los guaraníes, los marsupiales son los mbicurés y ésta es el mbicuré-pitá, ya que *pitá* significa "colorado". Está asociada a ambientes acuáticos y habita principalmente lagunas de juncales y pajonales, pero también bosques e incluso las selvas de montaña de las Yungas hasta los dos mil metros de altitud. Gracias a esta vinculación con el agua colonizó la Reserva Ecológica Costanera Sur en la Ciudad de Buenos Aires, quizás a bordo de los camalotales en una crecida del Paraná. Es un animal ágil que se desenvuelve con facilidad entre las ramas, pero que también nada y bucea muy bien. Utiliza nidos abandonados de aves, cuevas o huecos de árboles para construir una madriguera donde se esconde durante el día y donde la hembra protege a sus crías una vez que abandonan la bolsa marsupial. Es principalmente crepuscular y nocturna, y durante estas horas sale en busca de ratones, peces, huevos, ranas, insectos y otras pequeñas presas. El color de su pelaje varía desde un rojo bastante intenso hasta bayo anaranjado.

● Abundante, aparentemente no es tan dúctil para sobrevivir a los ambientes modificados como la comadreja overa, pero también como ella, prospera en áreas cercanas al hombre. Por ejemplo, se encuentra presente en la mayor parte de las reservas naturales urbanas de los alrededores de Buenos Aires.

Cabeza y cuerpo: 20-35 cm
Cola: 25-35 cm
Peso: 0,30-1,50 kg
Gestación: 15 días
Crías: 6 a 11

Familia Didelphidae

5 Marmosa cenicienta

Micoureus demerarae (Thomas, 1905)
Otros nombres: marmosa grande gris, comadrejita cenicienta; anguyá-mbicuré (guaraní).

Como la mayor parte de los marsupiales de nuestro país, la marmosa cenicienta es un animal muy poco conocido, pero en la provincia de Misiones donde vive, los guaraníes, que conocen bien toda la fauna y flora con la que comparten su vida, la llaman *anguyá-mbicuré,* o sea, "ratón comadreja". Habita en los estratos medio y alto de los árboles y sus costumbres arborícolas se evidencian si miramos su larguísima cola prensil. Cuando el alimento escasea, puede realizar incursiones por el suelo. Construye su nido con hojas y otras fibras vegetales en alguna oquedad y utiliza este refugio para pasar el día. Es nocturna y se alimenta de pequeños vertebrados, insectos, larvas, frutas y néctar. Las crías abren los ojos al mes de nacidos y aproximadamente a los tres meses alcanzan el tamaño del adulto.

● Considerada como de preocupación menor, aunque es una especie muy poco conocida cuya supervivencia está íntimamente ligada a la conservación de la selva.

Cabeza y cuerpo: 15-20 cm
Cola: 15-25 cm
Peso: 150 g

Familia Didelphidae

6 Colicorto chaqueño

Monodelphis domestica (Wagner, 1842)
Otros nombres: colicorto doméstico, colicorto gris, catita; mbicuré-í (guaraní); plain bare tail (inglés).

En la Argentina hay cinco especies de colicortos, nombre que les diera el gran naturalista Félix de Azara en 1802. Son el grupo más terrestre de la familia, y por esta razón tienen la cola corta ya que no necesitan tomarse de las ramas. Sin embargo, esta cola sigue manteniendo la función prensil característica de la familia y la enroscan para agarrar hojas y hierbas que llevan para acondicionar su nido. Aunque trepan bien, los colicortos andan generalmente por el suelo y tienen sus refugios entre las raíces de las plantas o debajo de troncos caídos. Algunas especies de esta familia utilizan nidos de hornero y de otras aves para refugiarse. Aparentemente este colicorto también puede encontrarse en las casas donde se la confunde con una laucha, por eso lleva el nombre de "doméstico". Se alimenta de insectos y pequeños vertebrados. Azara escribe sobre un colicorto que tenía un amigo suyo en Paraguay: "*un día le dio un ratoncito, y matándole al momento, comió las tripas dejando el resto*". La hembra de esta especie no tiene marsupio desarrollado y las mamas son externas. Como otros pequeños marsupiales es presa de aves rapaces.

● Potencialmente vulnerable en la Argentina. Sobre todo porque es una especie sólo conocida para la provincia de Formosa, en nuestro país.

Cabeza y cuerpo: 13 cm
Cola: 6 cm
Crías: en otros colicortos es de 8 a 14

Familia Didelphidae

7 Comadrejita común

Thylamys elegans (Waterhouse, 1839)
Otros nombres: yaca, ratón del palo, colo-colo; achocaya (quechua); kongoy-kongoy, kunguuma (mapuche); llaca (Chile); common mouse opossum (inglés).

A primera vista, el aspecto de esta pequeña comadreja nos recuerda bastante a una laucha y de hecho la mayoría de la gente la confunde con estos animales. Pero una mirada más atenta nos permite descubrir su característico antifaz, el hocico puntiagudo y una boca grande de agudos dientes en lugar de los incisivos para roer de un ratón. La achocaya captura principalmente insectos y sus larvas, aunque también puede cazar crías de ratones, lagartijas y otros pequeños vertebrados, además de consumir huevos y frutos. Vive en una extensa porción de la Argentina en ambientes arbustivos y boscosos, desde el nivel del mar hasta los 3.500 metros de altura. Construye su nido con pelos y briznas de pastos en huecos de árboles, grietas entre las rocas, cuevas de cuises o también en nidos abandonados de aves. En estos refugios entra en letargo durante el invierno sobreviviendo gracias a las reservas de grasa que guarda en su cola, la cual se engruesa considerablemente durante las épocas de alimento abundante. La hembra carece de marsupio y mantiene a las crías en el interior del nido hasta que puedan aventurarse al exterior. Además de las aves rapaces, es presa de felinos, zorros, hurones y ofidios.

● Es una especie abundante y ampliamente distribuida en la Argentina.

Cabeza y cuerpo: 7-12 cm
Cola: 9-13 cm
Peso: 15-30 g
Crías: 12-15

27

Familia Didelphidae

8 Comadrejita enana

Thylamys pusilla (Desmarest, 1804)
Otros nombres: marmosa común, comadrejita enana; anguyá-guaikí (guaraní); austral mouse opossum (inglés).

La comadrejita enana es de aspecto muy semejante a la comadrejita común, tanto que algunos autores las consideran la misma especie. Habita en bosques y selvas en galería de la cuenca del Paraná. El nombre "marmosa", que se aplica en general a todos los representantes de este grupo, fue puesto por el holandés Seba quien lo dio como el nombre que se utilizaba en Brasil. Es de actividad nocturna y durante el día se refugia en huecos de árboles, nidos de aves, cuevas entre las rocas y otros escondrijos. Captura insectos y otros pequeños animales, pero los ejemplares mantenidos en cautiverio aceptan trozos de carne y frutas, y consumen mucha agua. Para comer se sienta sobre sus cuartos traseros y toma el alimento con las manos a la manera de muchos roedores. Como sucede con muchos otros pequeños marsupiales de esta familia, la madre carece de bolsa marsupial y para cuidar a sus pequeños descendientes construye con pelos, fibras vegetales, hojas u otros materiales un nido en el hueco de un árbol o en alguna otra grieta. Sus cráneos y otros restos óseos se encuentran con frecuencia en las regurgitaciones de lechuzas y otras aves rapaces.

● Abundante en su área de distribución, no parece sufrir problemas puntuales de conservación.

Cabeza y cuerpo: 15 cm
Cola: 13-16 cm
Peso: 30 g

Familia Microbiotheriidae

9 Monito del monte

Dromiciops gliroides Thomas, 1894
Otros nombres: colocolo, kod-kod, kongoy-kongoy, kunw-una, hunukiki, ngurufilo (araucano); huenu quique (mapuche); yaca o llaca (Chile); kod-kod (inglés).

El monito del monte adquiere su nombre por su habilidad para trepar aferrándose a las ramas con sus manos de pulgar oponible y con la cola que le sirve como un quinto miembro. Como vive en los fríos bosques de Patagonia, tiene un pelaje denso y suave, orejas cortas para no perder temperatura y una cola cubierta de pelos cortos que puede engrosarse para guardar reservas grasas, lo que le permite pasar los meses fríos hibernando en huecos de árboles. Mientras hiberna, su frecuencia cardíaca se reduce de 230 a 30 pulsaciones por minuto. Así es como muchas veces la encuentran los leñadores, semialetargada, dentro de troncos o entre los cañaverales de coligüe. De lo contrario es muy difícil de ver ya que se trata de una especie arborícola que realiza sus correrías durante la noche en busca de insectos, larvas y frutos. La natalidad es baja para un marsupial y la época de cría es durante los meses de primavera y verano, cuando la madre construye un nido con hojas de caña. Cuando los hijos son mayores, salen de la bolsa y se pasean sobre la espalda de la madre. Los nombres *kod-kod* y *colocolo* son onomatopéyicos de los agudos chillidos que emite. Además de aves rapaces, se sabe que el zorro gris es uno de sus predadores.

● Vulnerable a nivel nacional. Su conservación reviste particular importancia porque es el único representante vivo del orden. Al parecer se trata de una especie abundante y protegida en varios de los parques nacionales andino-patagónicos, pero al mismo tiempo es endémica de un hábitat constantemente amenazado por el desarrollo de la industria maderera e incendios. Tiene una pequeña área de distribución geográfica.

Cabeza y cuerpo: 8-12 cm
Cola: 8-11 cm
Peso: 20-40 g
Crías: 3-5

Orden Xenarthra (edentados)

El orden de los Xenarthra reviste particular interés para nosotros ya que se trata de un grupo de mamíferos cuyo origen tuvo lugar en América del Sur, antes de que se formara el puente de América central, que permitió la comunicación de las faunas de América del norte y del sur. Este intercambio produjo grandes modificaciones. Muchos de los grandes mamíferos que habitaron este continente, como los gliptodontes o armadillos gigantes y los megaterios, que eran inmensos perezosos, pertenecían a los edentados. Debido a la competencia con los invasores entre los que se contaba el hombre, que también llegó desde el norte, éstas y muchas otras especies desaparecieron. El término Xenarthra hace referencia a unas apófisis accesorias de las vértebras lumbares y a veces dorsales que posee el grupo. Más comúnmente se los conoce con el nombre de Edentados, que hace referencia a la ausencia de dientes. En realidad, la mayoría tiene dientes, pero con la particularidad de que son todos iguales, de contorno sencillo y sin esmalte. El orden está dividido en tres familias muy diferentes entre sí, tanto que algunos autores proponen que cada uno de ellos sea un orden independiente.

Familia Dasypodidae (armadillos)

Se caracterizan por tener el cuerpo cubierto por un caparazón o armadura. El hocico es más bien alargado y todos poseen cola bien desarrollada. La lengua es larga y extensible. Tienen dientes numerosos y no diferenciados.

El tatú carreta es el mayor armadillo viviente.

El mataco bola es el único armadillo que forma una pelota para defenderse.

Familia Myrmecophagidae (osos hormigueros)

Tienen el cuerpo cubierto de pelo, cola larga que puede ser prensil, hocico muy prolongado con una pequeñísima boca en el extremo y la lengua muy extensible y vermiforme, con una sustancia viscosa segregada por unas glándulas especiales que les sirve para atrapar insectos. Sólo existen tres especies vivientes, dos de las cuales viven en la Argentina.

Huellas de oso hormiguero, de un zorro y de una bota número 43.

Familia Bradypodidae (perezosos)

Tienen espeso pelaje, y un cráneo muy corto con el hocico romo y una cola rudimentaria. La lengua no es extensible como en las otras dos familias del orden. Los dientes son poco numerosos. Se alimentan de hojas. Son eminentemente arborícolas y de movimientos muy lentos. De esta familia existen dos géneros y cinco especies, todas ellas habitantes de las selvas del centro y sur de América. Aunque existen algunos pocos registros de perezosos para la Argentina tanto en Salta como en Misiones, en la actualidad se duda de su presencia.

Familia Dasypodidae

10 Tatú-piche

Cabassous chacoensis Wetzel, 1980
Otros nombres: cabasú chico o chaqueño, tatú-aí menor; chacoan naked tailed armadillo (inglés).

Hay dos especies de armadillos del género Cabassous en la Argentina que se diferencian del resto de la familia porque tienen la cola desnuda y no cubierta de placas. Por ello se los conoce también con el nombre de "tatús de rabo molle". El tatú piche se distingue de la otra especie, conocida como tatú-aí, por su menor tamaño y porque tiene las orejas muy pequeñas. Es uno de los armadillos más raros y de costumbres menos conocidas. Habita en las regiones áridas del Chaco donde realiza sus correrías exclusivamente durante la noche. Durante el día se refugia en cuevas y sus grandes uñas muestran que este animal está muy bien adaptado para cavar. También utiliza las garras para abrir hormigueros y termiteros en busca de sus moradores, que son su principal alimento. Cuando es atrapado, el macho del tatú piche produce un gruñido, pero en cambio la hembra permanece silenciosa.

● Considerada una especie vulnerable o en peligro a nivel nacional. De amplia dispersión en la región chaqueña, pero rara en todas partes, probablemente sea poco lo que se conoce de su situación debido a sus hábitos cavícolas y nocturnos.

Cabeza y cuerpo: 30 cm
Cola: 9 cm
Crías: 1

Familia Dasypodidae

11 Piche llorón

Chaetophractus vellerosus (Gray, 1865)
Otros nombres: quirquincho chico; screaming armadillo (inglés).

El aspecto del piche llorón es semejante al del peludo, pero su tamaño es sensiblemente menor y tiene además las orejas mucho más largas. Habita ambientes áridos chaqueños. Construye cuevas de doce o trece centímetros de ancho, que por lo general excava en la base de los arbustos, pero no utiliza ningún material para acondicionarla. Durante el verano, para evitar las altas temperaturas, el piche llorón sale de noche. En cambio durante el invierno y con los días más fríos se vuelve principalmente diurno e incluso se echa sobre el dorso para tomar baños de sol. Se alimenta en gran parte de insectos y sus larvas, pero también come frutos y semillas, como las chauchas del algarrobo. Atrapa además anfibios, pájaros, lagartijas y ratones. Puede pasar largos períodos sin agua. En invierno es cuando está más gordo y tiene una gruesa capa de grasa subcutánea. El nombre de piche llorón proviene de los gritos que emite cuando se lo atrapa y que recuerdan el llanto de un niño.

No parece tener problemas a nivel nacional a pesar de que el caparazón se utiliza en la fabricación de charangos y su carne es fuertemente consumida por la población local. Sería conveniente realizar estudios poblacionales a nivel de localidades.

Cabeza y cuerpo: 22-27 cm
Cola: 9-13 cm
Peso: 0,70-1,40 kg
Crías: 1

Familia Dasypodidae

12 Peludo

Chaetophractus villosus (Desmarest, 1804)
Otros nombres: tatú peludo, quirquincho grande, balagato o gualacate; hairy armadillo (inglés).

Es un armadillo grande y fornido de fuertes patas y cuerpo más bien aplanado. Como indica su nombre, tiene el cuerpo cubierto de pelaje, que es ralo y duro, y se vuelve más denso en el vientre. Las orejas son más pequeñas que en los otros miembros del género. Se alimenta de casi cualquier cosa: bulbos, insectos, huevos, pichones, ratones, carroña...; todo le viene bien. Ello le permite sobrevivir en ambientes muy alterados, como los campos cultivados de la llanura pampeana, pero vive también en ambientes boscosos y esteparios, y alcanza en su distribución el extremo sur de Patagonia. Como sucede con otros armadillos, cuando se siente en peligro cava con increíble rapidez y resulta muy difícil removerlo una vez que comienza una cueva. Construye su guarida en las lomadas o en espacios abiertos de áreas boscosas. Se reproduce en primavera. La hembra pare su camada en una cueva protegida con hojas y pastos. La madurez sexual se alcanza a los nueve meses. En el invierno, el peludo acumula mucha grasa en el cuerpo y los paisanos lo capturan para comerlo, adobado o asado. Nos cuenta Guillermo Enrique Hudson: *"cuando no puede hallar su presa, se alimenta de carroña, tal como los perros cimarrones o los buitres y también subsiste con una dieta vegetal. Por eso no nos llama la atención que en todas las estaciones el peludo esté siempre gordo y vigoroso"*.

● Abundante. Es perseguido por los habitantes rurales, quienes aprovechan su carne. Son necesarios estudios biológicos para establecer de qué manera afectan a las poblaciones la modificación del hábitat y el uso de agroquímicos.

Cabeza y cuerpo: 38 cm
Cola: 15 cm
Peso: 1,50-3,50 kg
Gestación: 60-75 días
Crías: 2

Anterior
Posterior

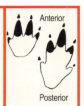

Familia Dasypodidae

13 Mulita pampeana

Dasypus hybridus (Desmarest, 1804)
Otros nombres: tatú mulita, armadillo; southern long-nosed armadillo, seven banded armadillo (inglés).

La mulita se llama así por su cabeza fina con largas orejas que recuerda a las de una mula. Es de cuerpo más alto y comprimido que el resto de los armadillos y es el mejor corredor del grupo. Otra de las mulitas de la Argentina es el tatú-hú que es más grande y tiene nueve bandas en lugar de siete. La mulita habita en pastizales y junto con el peludo es uno de los característicos habitantes de la llanura pampeana. Se la puede encontrar activa tanto de día como de noche, husmeando constantemente y excavando pequeños agujeros para obtener su comida. Captura grillos, mariposas y a veces pequeños vertebrados, pero su principal alimento son las hormigas y termitas. Es muy entretenido verla cavar en un hormiguero de hormigas rojas introduciendo la trompa y pasando la lengua en el interior, al tiempo que pega pequeños saltos, posiblemente a causa de las picaduras de los insectos. Vive en cuevas de cerca de 2 m de largo, que acondiciona con pastos y hojas. Una particular característica del género es que las crías de cada camada son todas del mismo sexo y genéticamente idénticas por división de un solo óvulo fertilizado.

● Potencialmente vulnerable debido a la destrucción de su ambiente. Es utilizada en experimentación científica, ya que tiene la particularidad de contraer la lepra.

Cabeza y cuerpo: 27-30 cm
Cola: 15-17 cm
Peso: 1,5-2 kg
Crías: 7-9

Anterior
Posterior

Familia Dasypodidae

14 Tatú carreta

Priodontes maximus (Kerr, 1792)
Otros nombres: tatú-guazú (guaraní); tatú canastra (portugués); giant armadillo (inglés).

El tatú carreta es un animal inconfundible. Ninguno de los armadillos vivientes se acerca a su peso y a su tamaño ni tiene patas proporcionalmente tan grandes. Las anteriores están además provistas de una formidable garra central. De hábitos nocturnos, se alimenta casi exclusivamente de hormigas y termitas, pero también come otros insectos, reptiles, arañas y carroña. Para romper los hormigueros y termiteros excava realizando un balanceo del cuerpo con el que empuja hacia delante, aprovechando su peso y sus poderosas patas para aflojar el suelo y llegar hasta la cámara del nido. A menudo los hormigueros de hormigas podadoras saqueados quedan sin vida, por lo que se piensa que en el pasado estos animales pueden haber tenido un rol importante en su control. Hoy, que está al borde de la extinción, las hormigas son la mayor biomasa animal del Chaco. Las cuevas que construye son inconfundibles por el gran tamaño de casi medio metro de ancho y 30 cm de alto. A pesar de estar prohibida su caza, con cierta frecuencia se ven sus corazas extendidas como adorno, a la venta en algunas casas anticuarias de Buenos Aires o del interior del país. ¿Serán éstos los últimos despojos de un ser que, como los extinguidos gliptodontes, nos habrá acompañado sin demasiada suerte en esta aventura de la vida?

● En peligro crítico. Apéndice 1 del CITES. En el imaginario colectivo es una especie extinguida y en muchas áreas ha desaparecido. Es víctima del tráfico de fauna para abastecer colecciones zoológicas y museos. Los pobladores locales lo cazan para alimentarse de su carne.

Cabeza y cuerpo: 70-100 cm
Cola: 50 cm
Peso: 60 kg
Gestación: 4 meses
Crías: 1-2

Familia Dasypodidae

15 Mataco

Tolypeutes matacus (Desmarest, 1804)
Otros nombres: tatú bola; tatú apepú (guaraní); tatú bolita (portugués); three-banded armadillo (inglés).

Es un armadillo inconfundible por su cuerpo redondeado con un caparazón rígido de sólo tres bandas articuladas, aunque a veces pueden ser dos o cuatro. Estas bandas móviles pueden separarse entre sí de manera tal que el animal une la cabeza con la cola para formar, en caso de peligro, una bola tan compacta y dura que, para un gato montés o un zorro, es casi imposible abrirla. Este cierre es además tan preciso como para hacer gemir de dolor a un perro al que le atrape el hocico. Habita bosques, pastizales y sabanas. Es menos cavador que otros armadillos y utiliza las cuevas excavadas por otros. Puede estar activo tanto de día como de noche. Para obtener el alimento usa sus garras para abrir termiteros u hormigueros o para descortezar troncos donde encuentra arañas, insectos y larvas. También come frutos y se sabe que en el Parque Nacional Copo se alimenta de frutos de mistol, semillas de algarrobo y otras plantas durante la estación lluviosa. Como todos los armadillos es solitario, pero varios individuos pueden compartir las cuevas. Su reproducción tiene lugar en primavera y verano. Su nombre viene del vocablo quechua *yatlacu-ni*, "que se encoge como el gato, encorvando el lomo". En la tradición mítica de las comunidades de nativos matacos del Chaco, este animal es el creador de los cultivos, ya que cuentan que se quitó la cola (la que tiene cierta semejanza con un choclo) y la introdujo en la tierra, originando al tiempo la primera planta de maíz.

● Potencialmente vulnerable. La destrucción de su hábitat y el hecho de que se lo capture como alimento en el centro y norte de la Argentina producen una seria regresión poblacional.

Cabeza y cuerpo: 26-30 cm
Cola: 5-7 cm
Peso: 0,9-1,6 kg
Gestación: 4 meses
Crías: 1

Familia Dasypodidae

16 Piche patagónico

Zaedyus pichiy (Desmarest, 1804)
Otros nombres: pichi, naunau (mapuche); pichi armadillo (inglés).

Es un armadillo pequeño con el cuerpo cubierto de pelos. Se diferencia de los peludos porque tiene el hocico más puntiagudo y las orejas muy pequeñas. Habita en estepas y desiertos y prefiere los suelos arenosos para construir sus galerías. Se alimenta de insectos, larvas, lombrices, frutos, bulbos y también come carroña. Estudios realizados en cautiverio con esta especie demuestran que estos animales, al igual que otros armadillos, cambian la temperatura a lo largo del día pudiendo variar 14° C entre las máximas y las mínimas (22° C - 36° C). Por esta razón, en días fríos debe entrar y salir varias veces de la cueva para ajustar paulatinamente la temperatura corporal según la exterior. Pero en invierno, cuando la temperatura es muy baja, puede hibernar. Las crías, que nacen en enero y febrero, maman durante cerca de seis semanas. Varios carnívoros lo capturan: el zorro colorado, el gato montés y el puma; también es víctima de águilas y búhos. Las comunidades nativas de la Patagonia se negaban a alimentarse de su carne, ya que su condición de animal carroñero y el estar vagando permanentemente cerca de los "chenques" o cementerios podían llegar a ocasionar que, al alimentarse del mismo, incurrieran en el sacrilegio de antropofagia.

● No presenta serios problemas de conservación. Hoy es consumido por los pobladores locales.

Cabeza y cuerpo: 40 cm
Cola: 15 cm
Peso: 1,2-2,3 kg
Gestación: 60 días
Crías: 1-3

Familia Myrmecophagidae

17 Oso hormiguero

Myrmecophaga tridactyla Linnaeus, 1758
Otros nombres: oso caballo, oso bandera; potaé (toba); sulaj (mataco) yaqui, yurumí, tamanduá guazú (guaraní); tamanduá bandeira (portugués); giant anteater (inglés).

El oso hormiguero se ha convertido en una de las figuras emblemáticas de la conservación en la Argentina y por ello su extraña silueta de hocico alargado e inmensa cola nos resulta familiar. Sin embargo, son pocos los que han tenido la oportunidad de conocer a este maravilloso animal en las sabanas y bosques del Chaco o en las selvas de Misiones, donde cada día es más escaso. Puede estar activo tanto de día como de noche. Es muy caminador y recorre grandes extensiones en busca de su comida. Como no tiene buena vista, se orienta principalmente por el olfato, que es muy agudo. Se alimenta casi únicamente de termitas y hormigas, a las que atrapa con su lengua pegajosa después de destruir sus construcciones utilizando las garras. Pero estas garras también son una defensa y con ellas puede matar a un perro e incluso a grandes felinos, como el yaguareté. Los paisanos del Chaco usaban su larga lengua para bocados de potros y redomones, la que una vez estaqueada y sobada queda muy suave y no lastima la boca de la cabalgadura. Azara escribía en el año 1802: "...*lejos de perjudicar son benéficos: sin embargo desaparecerán del mundo luego de que esto se pueble un poco más, porque estas gentes matan todos los que encuentran, sin utilidad, ni más motivo que la suma facilidad de hacerlo*". ¿Seremos lo suficientemente racionales para evitar este pronóstico?

● En peligro. Es perseguido, ya que se supone que puede matar a los perros de las comunidades rurales. Aunque su carne es muy dura algunos pobladores lo consumen. Su aspecto extraño lo vuelve atractivo para colecciones zoológicas. La destrucción de su hábitat es el mayor problema que sufre.

Cabeza y cuerpo: 100-120 cm
Cola: 65-90 cm
Peso: 20-50 kg
Gestación: 190 días
Crías: 1

Posterior

Familia Myrmecophagidae

18 Oso melero

Tamandua tetradactyla (Linnaeus, 1758)
Otros nombres: tamanduá; kaaguaré (guaraní); tamanduá-mirim (portugués); collared anteater (inglés).

Este cercano pariente del oso hormiguero se especializó para la vida arbórea. Por ello desarrolló una cola prensil, algo frecuente en los mamíferos arborícolas de Sudamérica ya que también la poseen monos, comadrejas y coendúes. Se alimenta principalmente de termitas y hormigas arborícolas a las que obtiene luego de desgarrar sus construcciones con sus fuertes uñas. La lengua, al igual que la de su pariente, tiene una sustancia viscosa que sirve para que los insectos queden pegados. Como carece totalmente de dientes tiene un músculo poderoso en el estómago para triturar sus presas. Pare una única cría que pasa sus primeros meses trepada al cuerpo de la madre y de esta manera viaja por las ramas. Si es atacado, se defiende parado sobre las patas traseras usando la cola como un trípode y los miembros anteriores para dar zarpazos con sus poderosas garras. En tierra camina sobre sus nudillos para proteger sus garras.

Lo predan los felinos, los zorros y las grandes águilas de la selva.

● Potencialmente vulnerable. Sumado a la destrucción de su hábitat, se registran en numerosas oportunidades animales atropellados en las rutas, sobre todo en primavera durante la época de celo.

Cabeza y cuerpo: 54-58 cm
Cola: 54-55 cm
Peso: 5-8 kg
Gestación: 4-5 meses
Crías: 1

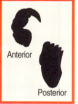
Anterior
Posterior

Orden Chiroptera (murciélagos)

Los murciélagos son los únicos mamíferos que lograron conquistar con perfecto dominio el espacio aéreo y éste logro es el resultado de un conjunto de notables adaptaciones evolutivas. Una de las más maravillosas es la implementación de una membrana de vuelo, la que se tensa de la misma manera que la tela de un paraguas, entre los cuatro últimos larguísimos dedos de las manos del animal. Esta membrana se continúa además por los lados del cuerpo y se conecta con los miembros posteriores y la cola. El primer dedo, y a veces también el segundo, tiene garras ganchudas, y lo mismo ocurre con los cinco dedos de los miembros posteriores. Con frecuencia los pies están provistos además de un largo espolón cartilaginoso que contribuye a sostener la membrana que se extiende entre las piernas. Las cortas patas de los murciélagos son muy particulares ya que están colocadas en posición invertida en relación con los otros mamíferos, por lo cual la rodilla se articula hacia atrás y los dedos se cierran hacia adelante. Esta adaptación les permite colgarse cabeza abajo con sus largas uñas curvas de ramas o paredes.

Pero las alas no son la única adaptación para el vuelo que poseen los murciélagos. Para el intenso batido tienen escápulas muy grandes, clavículas robustas y encorvadas y el esternón con una quilla que asegura la inserción de los músculos pectorales. Y esto no es todo. Posiblemente la más asombrosa adaptación para el vuelo sea el desarrollo de un sofisticado sistema de radar que les permite navegar en la oscuridad evitando los obstáculos y atrapando el alimento con una sincronización perfecta. Para ello estos animales, que por lo general no poseen una vista muy desarrollada, emiten sonidos de alta frecuencia cuyo rebote contra los objetos o alguna presa es captado por su agudísimo oído.

Tienen dientes de las cuatro clases, aunque los incisivos están muy reducidos salvo en los vampiros. En la mayoría la dentadura es marcadamente insectívora, con los molares provistos de cúspides perforantes, pero en otros los molares son romos, adaptados para masticar sustancias vegetales. El 70 % de los murciélagos del mundo son insectívoros y cada uno de ellos es capaz de comer entre 500 y 1.000 insectos del tamaño de un mosquito por hora, lo que los convierte en eficientes controladores biológicos de posibles plagas. Sólo tres especies son hematófagas, es decir, se alimentan de sangre, lo que ha valido que todos los murciélagos sean erróneamente considerados perjudiciales o dañinos.

De hábitos nocturnos, durante el día permanecen ocultos por lo que su observación y estudio no resulta fácil. Un gran aporte para conocerlos mejor, determinarlos, marcarlos, tomarles muestras y medidas para por fin liberarlos, son las redes de neblina. Estas redes, que también se utilizan para el estudio de las aves, tienen una trama tan fina que las hace casi invisibles, aunque no siempre, para el sistema de radar de los murciélagos, y se extienden en sus lugares de paso donde quedan atrapados. En la Argentina, el trabajo con redes permitió mejorar notablemente el conocimiento de estos animales e incorporar muchas especies nuevas para la ciencia o el país.

Los murciélagos conforman un cuarto de los mamíferos actuales y habitan en la mayoría de los ambientes, con excepción de la alta montaña, los polos y algunas islas. Muchos son gregarios y duermen en cuevas o grutas. Numerosas especies son migratorias y se desplazan con los cambios de estación en busca de alimento o mejores condiciones climáticas, pero también hay muchos murciélagos que hibernan. Existen dos grandes subórdenes dentro del orden Chiroptera. Uno de ellos, los megachiroptera, conocidos como zorros voladores, viven en ambientes tropicales y subtropicales del viejo mundo. El otro, microchiroptera, es más numeroso en especies y está muy bien representado en América del sur. En la Argentina viven cuatro familias de microchiroptera.

Familia Noctilionidae (murciélagos pescadores)

Los murciélagos pescadores son una familia muy particular, con sólo un género y dos especies, que habitan desde México hasta la Argentina. Tienen el labio superior de forma muy curiosa, con un pliegue de la piel que le da al rostro la apariencia de un labio leporino. Tienen orejas largas y separadas. Las patas son largas y están provistas de grandes garras que les sirven para capturar presas cerca de la superficie del agua.

Los murciélagos pescadores tienen grandes patas con uñas curvas para retirar las presas del agua.

Familia Phyllostomidae (murciélagos de hoja nasal)

Ésta es una familia de murciélagos exclusiva de América, que se caracteriza por el particular desarrollo de apéndices nasales que se prolongan en forma de hoja de aspecto y tamaño muy variable. Esta hoja nasal cumple una importante función en la ecolocación ya que estos animales emiten sonidos por la nariz y la hoja los ayuda a dirigir el sonido. También colaboran, junto a los grandes colmillos, para otorgarle a muchas especies de esta familia un aspecto temible. Este grupo ha desarrollado una notable diversidad de hábitos alimenticios, ya que si bien la mayoría consume insectos, otros se han adaptado al consumo de frutos, néctar, polen, otros murciélagos, aves, ranas, reptiles y hasta sangre. Por lo general habitan regiones cálidas y boscosas. En la Argentina hay trece géneros y diecisiete especies.

Familia Vespertilionidae (murciélagos chicos)

Son murciélagos pequeños, con una cola muy larga que por lo general está incluida en la membrana de vuelo, que es muy amplia. Las orejas son variables, desde muy pequeñas hasta inmensas, como sucede en *Histiotus*. Tienen el pelaje largo y fino. El hocico en punta y las orejas grandes y redondeadas les dan a estos animales el aspecto de ratones voladores y de allí viene el nombre de "murciélagos" (del latín *mus*, *muris*: ratón y *caeculus*: cieguecito) que hoy se extiende a todo el orden. Generalmente son sociables y pueden formar colonias de más de un millón de individuos. La mayoría se alimenta de insectos. Es la familia con mayor número de especies de los Chiroptera. Existen cuatro géneros y veinte especies en la Argentina.

Familia Molossidae (murciélagos cola de ratón)

Esta familia tiene siete géneros y dieciocho especies en la Argentina. Son de tamaño muy variable. Algunos son muy pequeños mientras que otros son de los mayores que habitan el país. Se caracterizan por tener una cola larga con parte del extremo libre, lo que les ha dado el nombre de "murciélagos cola de ratón". También las orejas, que son bastante largas y tan anchas que en muchas especies se unen en la frente, los diferencian de las demás familias. Tienen el pelaje corto y fino de tonos cenicientos o pardos, con la membrana alar algo más oscura que el cuerpo. Son los murciélagos más gregarios y frecuentan poblados y ciudades.

Familia Noctilionidae

19 Murciélago pescador chico

Noctilio albiventris Desmarest, 1818
Otros Nombres: mbopí-phytá (guaraní); morcego pescador (portugués); bulldog fishing bat (inglés).

Con las patas traseras muy grandes y dotadas de inmensas garras, el murciélago pescador está muy adaptado para capturar presas en la superficie del agua. Antes se creía que también usaba la membrana de las patas posteriores para este fin, pero hoy se sabe que sólo sirve para ayudar a acomodar la presa una vez capturada, a la que come en vuelo o en un posadero cuando es grande. Además de pequeños peces atrapa insectos acuáticos, mariposas nocturnas, cigarras y otros artrópodos. Duerme en colonias en huecos de árboles y también en viviendas humanas. La cría en la Argentina nace en primavera o verano.

Quien haya visto en el remanso de algún arroyo o una laguna su fantástico sistema de caza sentirá que la descripción del naturalista Jiménez de la Espada es muy acertada: "*no cabe equivocar con cualesquiera otras la extraña silueta de ese quiróptero destacada del fondo del cielo reflejado en el río y moviéndose, no incierta y locamente, como la mayor parte de los mamíferos voladores, sino con el vuelo lento, marcado, sinuoso, por tiempos y siempre cercano y paralelo a la superficie del agua. Este vuelo, su traza, la hora y el perfil de sus orejas estrechas, aguzadas y enhiestas, contribuyen a que, en pronto, se dude si es la sombra de un murciélago o la de un búho pequeño*".

● A nivel nacional está considerado como de preocupación menor ya que se trata de una especie común.

Largo total: 9,2-9,9 cm
Peso: 23-29 g
Crías: 1
Envergadura: 40-45 cm

Familia Phyllostomidae

20 Murciélago gigante

Chrotopterus auritus (Peters, 1856)
Otros nombres: mbopí guazú (guaraní); morcego bombachudo (portugués); wooly false vampire bat (inglés).

Es el mayor murciélago de la Argentina. Sus inmensas orejas y un vuelo lento y pausado lo vuelve inconfundible aun en la difícil y fugaz visión nocturna de los ambientes selváticos y boscosos donde habita. Al tenerlo en la mano, lo que llama la atención es la hoja nasal grande y puntiaguda y las alas muy largas. Es un especializado cazador de vertebrados de las selvas sudamericanas. Cuatro de estos animales fueron vistos en un sector boscoso de Corrientes volando a no más de tres metros de altura y separados entre sí por una distancia de tres a cinco metros, realizando maniobras de ida y vuelta para sorprender ratones u otras presas terrestres. Pero también caza otras presas y la experiencia de capturas con redes de neblina es que ataca a otras aves o murciélagos que hayan sido atrapados. En cautiverio acepta también trozos de carne. Como dormidero busca cuevas escondidas en lo más profundo de la floresta, madrigueras que puede compartir con otras especies. De acuerdo con algunos datos obtenidos en las capturas con redes, se sabe que en la Argentina se encuentran hembras preñadas en octubre y que en diciembre están lactando. En Corrientes se recapturó un macho marcado cuatro años antes en el mismo sitio.

● A nivel nacional se lo considera potencialmente vulnerable. Está muy relacionado con los ambientes selváticos y va desapareciendo a medida que avanza la destrucción de su hábitat.

Largo total: 9,5-14 cm
Peso: 80-100 g
Crías: 1
Envergadura: 60-65 cm

Familia Phyllostomidae

21 Murciélago picaflor

Glossophaga soricina (Pallas, 1766)
Otros nombres: murciélago picaflor castaño, falso vampiro soriciteo; long-tongued bat (inglés).

Este murciélago se especializó para alimentarse con el néctar de las flores. Para ello tiene una lengua muy larga y fina que introduce en las plantas. Esta adaptación es un asombroso ejemplo de evolución conjunta con un beneficio mutuo: los murciélagos obtienen su alimento y las plantas se aseguran la fecundación, ya que el animal transporta el polen adherido en su pelaje de una flor a otra. Las flores se abren de noche, y pueden crecer colgando de un largo tallo como la leguminosa de la fotografía, o hacia arriba de la planta sobresaliendo del follaje para permitir al murciélago volar a su alrededor. Por otra parte son bien resistentes, porque el murciélago no es tan delicado como un picaflor, una mariposa o una abeja. Generalmente las flores son blancas para ser bien vistas y carecen de perfume ya que estos animales no tienen un olfato muy desarrollado. No se alimenta únicamente de néctar, también come polen, flores, frutos e insectos. Habita en cuevas, puentes, alcantarillas, huecos de árboles o viviendas, de manera solitaria o colonial. El murciélago de la fotografía, tomada en Santa Catarina, Brasil, llegaba junto a otros cuatro o cinco todas las noches apenas oscurecía y libaba en cada flor, a veces posado en el labio apenas por décimas de segundo para evitar el ataque de predadores.

Hay una reducción de su población proyectada en por lo menos un 20 % o que se sospecha será alcanzada en los próximos 10 años o tres generaciones. Problemas: reducción del área de ocupación por destrucción del hábitat. Aparente distribución geográfica amplia, pero raro en todas partes. Hay citas antiguas para la ciudad de La Plata y Buenos Aires.

Largo total: 8,4 cm
Peso: 11 g
Envergadura: 22 cm

Familia Phyllostomidae

22 Murciélago cara listada

Artibeus lituratus (Olfers, 1818)
Otros nombres: falso vampiro brasileño; neotropical fruit bat (inglés).

El murciélago de cara listada es una especie abundante en las selvas del noreste de la Argentina, pero también se las ingenia para vivir en sitios modificados y puede tener sus dormideros en la cercanía de nuestras viviendas. Es una especie inconfundible cuando se lo tiene en la mano gracias al par de rayas blancas que se extienden por la frente hasta detrás del nacimiento de las puntiagudas orejas. Es básicamente frugívoro y come diversos frutos silvestres, pero también otros cultivados como nísperos, bananas y mangos. La digestión de los frutos consumidos es muy rápida y cuando libera las semillas, este murciélago contribuye a dispersar las plantas, que colonizan así nuevos espacios. También incluye flores y hojas en su dieta. Se refugia en huecos de árboles y grietas en las rocas. La reproducción tiene lugar en primavera y en verano; al menos en Misiones los nacimientos ocurren entre noviembre y febrero. Esta especie forma harenes de un macho con dos a catorce hembras con sus crías. Los machos más grandes y viejos son los que tienen harenes mayores. También hay grupos de machos jóvenes y de hembras no reproductivas.

● A nivel nacional se considera como una especie potencialmente vulnerable. Sus números se reducen junto a la destrucción de la selva.

Largo total: 7,5-12 cm
Peso: 66-89 g
Envregadura: 38-40 cm

Familia Phyllostomidae

23 Falso vampiro común

Sturnira lilium (Geoffroy, 1810)
Otros nombres: murciélago frutero común, falso vampiro flor de lis; morcego fruteiro (portugués); yellow-shouldered bat (inglés).

Este bonito murciélago se caracteriza por lucir una hoja nasal de tamaño mediano y por poseer un pelaje de tonos acanelados a rojizos que varían según el individuo. No tiene cola y las patas están libres, sin membrana que las conecte, lo que le permite mayor movilidad cuando trepa entre las ramas para acercarse a su comida. Se alimenta principalmente de frutos, pero aparentemente también de polen y néctar. La dentadura de estos animales con incisivos bien desarrollados y caninos cortos y anchos está especializada para cortar trozos de frutas. Algunas de las plantas que consume en Misiones son el fumo bravo y el ambay, las primeras colonizadoras de las capueras, que son los espacios en donde se desmontó la selva. Pero también come otras frutas de la floresta como moras o higos silvestres. El rol de estos murciélagos en la reproducción de las plantas es de vital importancia ya que junto con sus excrementos dispersa las semillas de los frutos que come a suficiente distancia de la planta madre. En la Argentina el momento de nacimiento de las crías es entre septiembre y marzo. Posiblemente es el murciélago más abundante en las selvas de nuestro país.

● Es una especie abundante y adaptable a los cambios del ambiente. No genera conflictos con el hombre.

Largo total: 5-9 cm
Peso: 14-28 g
Gestación: 4 meses
Crías: 1
Envergadura: 28-30 cm

Familia Phyllostomidae

24 Vampiro común

Desmodus rotundus (Geoffroy, 1810)
Otros nombres: mbopí yaguí (guaraní); wiruy (quechua); virucho (La Rioja); morcego vampiro (portugués); common vampire bat (inglés).

De todos los murciélagos del mundo, el que despierta mayor curiosidad y aprehensión es el vampiro, al que las leyendas de Transilvania transformaron en un espeluznante ser. En realidad este animal lleva una vida mucho más modesta que la que le atribuyen, ya que si bien se alimenta de sangre, su técnica de extracción es tan sutil que raras veces la víctima se entera. Sus filosos incisivos y caninos le permiten realizar un pequeño corte en algún sitio de piel delgada de la presa, desde donde comienza a manar sangre que el murciélago lame. La saliva anticoagulante le asegura que la sangre continúe fluyendo durante los treinta o cuarenta minutos que dura la cena. Esto le suministra unos treinta gramos de sangre, lo suficiente para regresar al dormidero, que puede compartir hasta con cinco mil animales. Generalmente ataca mamíferos, a los que se acerca saltando e incluso trepa sobre ellos con asombrosa agilidad ya que sus patas posteriores no tienen membrana y le dan gran capacidad de movimientos. El gran naturalista español Félix de Azara escribió: "*Lo mismo hacen con el hombre, de que puedo dar fe por haberme mordido cuatro veces en la yema de los dedos del pie durmiendo a cielo descubierto, o en las casas campestres. Las heridas que me hicieron sin que yo las sintiese eran circulares o elípticas, de una línea de diámetro...*". Se detectan los dormideros por las heces semilíquidas que fluyen en el piso y a menudo por la entrada.

● Es abundante, y la actividad ganadera ha contribuido a ampliar su área de distribución. El vampiro puede transmitir el virus de la rabia paralítica, lo que genera la muerte del ganado. Se lo combate con voladuras de los dormideros y también con poderosos venenos, que generan problemas ambientales y la destrucción de otras especies.

Largo total: 7,8-9,5 cm
Peso: 35-47 g
Gestación: 7 meses
Crías: 1
Emvergadura: 38-40 cm

Familia Vespertilionidae

25 Murciélago rojizo

Lasiurus blossevillii (Lesson y Garnet, 1826)
Otros nombres: murciélago escarchado chico, murciélago peludo rojo; red bat (inglés).

El murciélago rojizo es uno de los pocos murciélagos de la Argentina que no utiliza grietas o cuevas como dormidero, sino que se posa sobre el follaje de los árboles en donde intenta camuflarse entre los frutos o las hojas secas. Puede encontrarse en ambientes naturales, pero también sobre plantas cultivadas, incluso en plazas y arboledas de ciudades. Aunque en general es solitario, a veces forma pequeños grupos. Es característica de esta especie el pelaje largo y tupido de coloración rojiza, como adaptación para su vida en dormideros al aire libre, con tempertauras más bajas y mayor exposición a predadores, por lo que requiere de mayor mimetismo. Con temperaturas muy bajas, el murciélago rojizo puede disminuir su actividad hasta llegar a la hibernación. Es una especie insectívora que comienza su actividad antes de que oscurezca totalmente y que con frecuencia vuela sobre cuerpos de agua. El nacimiento de las crías es hacia fines de la primavera. Aunque normalmente tiene dos crías, se ha encontrado una hembra volando con cinco cachorros. Como las hembras tienen que transportar a los hijos, son algo más grandes que los machos. La foto es de Patagonia. Para algunos autores las poblaciones del sur pertenecen a una especie distinta (*Lasiurus varius*).

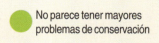

● No parece tener mayores problemas de conservación

Largo total: 10-13 cm
Peso: 13-20 g
Crías: 2, a veces hasta 5
Envergadura: 22-23 cm

Familia Molossidae

26 Moloso común

Tadarida brasiliensis (Geoffroy, 1824)
Otros nombres: murciélago guanero, cola de ratón común, mexicano de cola libre; brazilian free-tail bat (inglés).

Es uno de los murciélagos más abundantes del mundo. En algunas grutas de México y el sur de los Estados Unidos se han calculado dormideros de veinticinco a cincuenta millones de individuos. En la Argentina, si bien no se conocen concentraciones de esta magnitud, es el mamífero silvestre más vinculado con el hombre ya que vive en pueblos y ciudades. Algunas colonias, como sucede con las de la ciudad de Rosario, la utilizan entre septiembre y marzo, pero se desconoce su destino migratorio en el resto del año. Está bien adaptado a la captura de insectos a los que atrapa en vuelos rectos y rápidos. En el hemisferio norte se comprobó que puede volar hasta más de tres mil metros de altura tras sus presas. No gusta de los mosquitos, pero captura mariposas nocturnas, coleópteros y otros insectos que son atraídos por las luces de los faroles. En la Argentina, los nacimientos se producen principalmente a fines de primavera y comienzos del verano. En las colonias, las hembras y las crías permanecen apartadas de los machos. Comienzan a volar a las cinco semanas de vida. En el folclore argentino, los murciélagos tienen una vinculación muy cercana con el diablo debido a su aparente fealdad. Una leyenda presente en muchos sitios del interior del país cuenta que mientras Dios creaba las golondrinas, el diablo al intentar imitarlo, creó al murciélago. Puede transmitir la rabia por lo que no debe ser manipulado.

● Es una especie muy abundante. Recientemente se encontró en Rosario una colonia de sesenta y cuatro mil individuos en un edificio. Fuertemente perseguida por considerarla perjudicial y por presunciones culturales.

Largo total: 87-114 cm
Peso: 9-19 g
Gestación: 85 días
Crías: 1
Envergadura: 25-27 cm

Orden Primates

Los primates son un grupo antiguo y diverso, con alrededor de 233 especies vivas divididas en 13 familias. Aunque es corriente considerar a los primates como los mas evolucionados de los mamíferos por sus características anatómicas, representan un grupo muy primitivo.

Se caracterizan por tener las extremidades libres, generalmente con cinco dedos. El primero de estos dedos es oponible al resto, al menos en uno de los pares de miembros.

El radio y el cúbito en el antebrazo, y la tibia y el peroné en la pata trasera están separados y bien desarrollados y son altamente móviles. Éstas son adaptaciones para la vida en los árboles. La mayor parte de los primates son arborícolas y casi todas las especies viven en bosques tropicales y subtropicales. Unas pocas, entre las que nos incluimos, dejamos los árboles para adaptarnos a la vida en tierra, aunque conservamos muchas de las adaptaciones para trepar.

Los primates poseen un cerebro relativamente grande, con tendencia a la reducción de las regiones olfativas y con buena visión estereoscópica. Muchos primates son gregarios, forman grupos familiares y tienen un comportamiento social complejo. La mayoría son de costumbres diurnas, pero algunos están activos sobre todo en la noche. Son animales extremadamente activos, inteligentes y con una gran capacidad de aprendizaje. La mayoría de las especies cuentan con un variado repertorio vocal.

Hay monos que se alimentan de hojas de plantas (folívoros), otros comen más frutos que otra cosa (frugívoros), algunos cazan presas (carnívoros) y no faltan los que comen un poco de todo (omnívoros). El primate vivo más pequeño es el lemur enano ratón, que pesa alrededor de 30 gramos y el más grande es el gorila, que alcanza 175 kilos.

Carayá comiendo una orquídea.

Familia Cebidae (cébidos)

Es una familia de monos exclusivamente americanos. Tienen siempre tres premolares y tres molares a cada lado. Los dedos están provistos de uñas y no de garras y son oponibles. Muchos de ellos tienen colas prensiles. En la Argentina encontramos cuatro especies: el mirikiná, el guariba o carayá rojo, el carayá común y el mono caí.

Mono Caí

Familia Cebidae

27 Carayá

Alouatta caraya (Humboldt, 1812)
Otros nombres: mono aullador, mono negro, mono barbudo, carayá negro, carayá común, miceto, araguato, roncador, bramador; caraya hú (guaraní); bugio preto (portugués); black howler monkey (inglés).

La voz *carayá* es de origen guaraní y significa "jefe del bosque". Es un nombre apropiado, ya que los monos aulladores son los más grandes de América. Esta especie vive en grupos de hasta 30 individuos, formados por un macho dominante, algunos machos secundarios, varias hembras y sus crías, pero también se encuentran parejas o individuos solitarios. El macho es de color negro y posee una barba característica, que cubre un gran saco vocal que funciona como caja de resonancia. Sus poderosos gritos tienen como objetivo el marcado territorial. Por lo general los produce en la madrugada o al crepúsculo, pero también cuando va a llover y pueden escucharse a varios kilómetros. La hembras son bayas y de tamaño menor. Los machos juveniles tienen el color de las hembras, pero se oscurecen a medida que maduran, hasta adquirir el color adulto recién a los 4 o 5 años. Habita en selvas húmedas de árboles altos o isletas de monte, donde encuentra frutos, flores, brotes y hojas. Se oculta entre las altas ramas y cuando es molestado y se siente expuesto, bramando, expulsa excrementos y muerde ramas que pueden caer sobre los intrusos. En el pasado la negra piel del macho fue utilizada en peletería. Los guaraníes cuentan que los carayá eran hombres que, al escapar del incendio de la tierra por el sol, en lugar de ir al agua huyeron a los árboles, donde quedaron chamuscados y encogidos por el fuego.

Está protegido en varios parques nacionales y reservas provinciales. Fue víctima de las epidemias de fiebre amarilla. Es capturado como mascota. En el noreste suele observarse a vendedores ambulantes que lo ofrecen al lado de la ruta, actividad que está prohibida. Las inundaciones por represas y otras modificaciones del ambiente han afectado y pueden afectar sus poblaciones.

Cabeza y cuerpo: 55-90 cm
Cola: 70 cm
Peso: 6-8 kg. El macho es mayor que la hembra.
Gestación: 150 días
Crías: 1

Familia Cebidae

28 Carayá rojo

Alouatta guariba (Humboldt, 1812)
Otros nombres: guaribá, carayá guariba, guariba peludo,
mono aullador barbado, mono aullador rojo o rufo; carayá pitá (guaraní);
bugio ruivo (portugués); red howler monkey (inglés).

En la Argentina es escaso o muy local. Solamente habita en la selva de Misiones, con frecuencia asociado a los escasísimos relictos de bosques de pino paraná o araucaria misionera. De costumbres muy similares al Carayá, vive en grupos formados por un macho dominante, machos secundarios, hembras y crías. A diferencia del carayá común, el color del macho y la hembra es el mismo, un lustroso alazán tostado. Es polígamo. Los machos maduran a los seis o siete años y las hembras a los cuatro o cinco. La cría permanece hasta el año en la espalda de la madre y al menos durante este tiempo complementa su dieta con la leche materna. El adulto se alimenta exclusivamente de vegetales, de los que un cincuenta por ciento son hojas y brotes y el resto, frutos. Es bastante pasivo, y tiene largos períodos de descanso. Para protegerse del frío y de las tormentas se refugia en árboles bajos y de follaje denso, donde el grupo se acurruca en posición de bolita, abrazándose por el cuello con sus colas. Esta cola prensil funciona como un quinto miembro con mucha fuerza y movilidad. Si es necesario, puede descender al suelo e incluso nada bien en caso de inundaciones. En estado silvestre pueden vivir más de 20 años y es muy difícil que soporte el cautiverio. Sus potenciales predadores naturales son el ocelote y algunas rapaces selváticas como la arpía

● Amenazada de extinción. Desde el 1900 se redujo en un 70 % la selva paranaense y la totalidad de los pinares de araucaria. La destrucción de su hábitat es el principal problema que enfrenta. También su captura ilegal para abastecer el mercado de mascotas. Sufrió las epidemias de fiebre amarilla en la década de 1960. Está protegida en algunas reservas provinciales de Misiones. En Brasil, país donde tiene una mayor distribución, figura en la lista oficial de animales amenazados.

Cabeza y cuerpo: 55- 90 cm
Cola: 55-90 cm
Peso: 5-8 kg. El macho es mayor que la hembra.
Gestación: 190 días
Crías: 1
Longevidad: 20 años en cautiverio.

Familia Cebidae

29 Mirikiná

Aotus azarai (Humboldt, 1811)
Otros nombres: mono de noche, mono nocturno, mono búho, mono lechuza, tití tigre, dormilón, cara rayada; musmuqui (quechua); mirikiná o mbirikiná, caí pyharé (guaraní); mico da noite (portugués); night monkey (inglés).

Es el único mono nocturno del mundo. Tiene ojos muy grandes y una cara redonda que recuerda a una lechuza. Es monógamo y vive en parejas o en grupos familiares que utilizan una extensión de unas doce hectáreas, en los bosques, palmares y selvas de Chaco y Formosa. Durante el día permanece escondido dentro de huecos de árboles o entre la vegetación densa, a alturas de alrededor de diez metros. Puede comenzar su actividad en las últimas horas de la tarde y extenderlas hasta media mañana. Casi nunca baja al suelo, y puede desplazarse con enormes saltos en los que su larga cola, que no es prensil, le sirve como balancín. La cría nace entre agosto y octubre, y permanece con sus padres y hermanos durante dos años, para luego formar su propia familia. Al estar en la oscuridad, el mirikiná no puede aprovechar la variedad de gestos faciales que usan otros primates para comunicarse; en su reemplazo emite distintos sonidos: silbidos, maullidos, gruñidos y unos clicks metálicos característicos, que puede repetir durante quince minutos. Su voz de alarma es un "ook, ook, ook," con la que todo el grupo se esconde inmediatamente. Al ser pequeño, puede acceder a hojas y frutos vedados para el mono carayá, con el que convive, sin competir por el alimento. También come insectos y pequeños vertebrados. Las rapaces nocturnas, como el buho ñacurutú, y felinos, como el ocelote o el puma, podrían ser sus principales predadores naturales.

Vulnerable. El 15 % de su área de distribución geográfica está protegida en el Parque Nacional Pilcomayo en Formosa. El desmonte y la introducción de ganado aumenta la población de insectos que los parasitan y enferman. Pero es capaz de subsistir en áreas semimodificadas, cercanas a asentamientos humanos. Ocasionalmente es capturado para ser vendido como mascota o animal de laboratorio.

Cabeza y cuerpo: 33-40 cm
Cola: 40 cm
Peso: 1-1,5 kg
Gestación: 150 días
Crías: 1
Longevidad: 25 años

Familia Cebidae

30 Mono caí

Cebus apella (Linnaeus, 1758)
Otros nombres: mono de los organilleros, mono capuchino, saí machin, machin negro, caí; macaco prego (portugués); brown capuchin monkey (inglés).

Es uno de los monos más conocidos del mundo. Su expresividad e inteligencia lo convirtieron en el famoso "monito de los organilleros", presente en muchas películas del cine mudo. Es capaz de utilizar objetos como herramientas y se lo considera el primate más inteligente del nuevo mundo. Esto le ha valido su uso como animal de laboratorio y de compañía para personas discapacitadas, a las que ayuda con eficacia. Es un animal sociable que anda en tropas de alrededor de 15 individuos, formados por machos hembras y jóvenes a los que dirige un macho dominante y polígamo. Los grupos utilizan un territorio de entre 25 y 40 hectáreas y a veces más de 300, aprovechando todos los estratos e incluso el suelo. Se alimenta de frutos, bayas, semillas, hojas tiernas de bromeliáceas, claveles del aire, algo de néctar y de una considerable cantidad de insectos. También ataca nidos de aves, murciélagos, lagartijas, ranas y caracoles. Tiene un variado repertorio de sonidos que utiliza para comunicarse, algunos impensables para un mono. El naturalista Félix de Azara los describe de la siguiente manera: *"remeda una risa muy aguda, y otras es un bu, bu, bu, triste, fuerte y lamentable, para lo cual frunce mucho los labios, el entrecejo y la cara"*. Durante el celo, la hembra se aparea primero con el macho dominante y luego con otros subordinados. En Iguazú, los nacimientos ocurren entre octubre y febrero; en la nubosselva, en primavera y otoño.

● Se protege dentro de los Parques Iguazú, Baritú, Calilegua y El Rey. La destrucción de las selvas es su mayor problema. Es comercializado como mascota para satisfacer colecciones zoológicas y también como animal de experimentación en biología y patologías humanas. Entre 1964 y 1980 EE.UU. importó mas de 6.500 ejemplares de distintos países de América latina.

Cabeza y cuerpo: 45-60 cm
Cola: 35-50 cm
Peso: Machos 3-4 kg
 Hembras 2-2,5 Kg
Gestación: 160 días
Crías: 1
Longevidad: 15 años

Orden Carnivora

Familia Canidae

Los cánidos son un grupo muy antiguo y ampliamente distribuido en el globo, salvo en Nueva Zelanda, Nueva Guinea y Polinesia. Tienen una serie de características que los hacen atractivos para la naturaleza y para el hombre, al punto que la variedad doméstica, el perro, se ha convertido en su mejor amigo. No se conoce la época precisa de domesticación de perro *(Canis familiaris).* Muy probablemente, la domesticación tuvo lugar en diversas civilizaciones y regiones del mundo, y según muchos autores habría comenzado en el paleolítico. A menudo se postula que el ancestro del perro es el lobo gris (*Canis lupus*). Durante mucho tiempo,

Excrementos de Aguará-guazú.

este origen fue controvertido y otros autores postulaban que el perro descendía del chacal dorado e incluso del coyote. Adaptados para la carrera, los miembros de los cánidos son largos, los anteriores terminados en cinco dedos y los posteriores en cuatro, con garras no retractiles. El cráneo, estrecho y afilado, termina en un hocico largo y frecuentemente en punta. Los incisivos son algo ganchudos, como para morder y retener presas. Los caninos son muy desarrollados, el primer molar superior es muy ancho y fuerte, adaptado para quebrar huesos. Los cánidos salvajes tienen un modo de alimentación tal que ingieren en poco tiempo una gran cantidad de alimentos tras la captura de una presa. No comen todos los días, ya que a veces vuelven de la cacería sin presas. Además, éstas no se conservan y hay competencia con los demás animales. Cuando se captura la presa, los dominantes comen primero. Existen seis especies en la Argentina. Una de las más extrañas es el perro vinagre, *Speothos venaticus,* que es gregario y se encuentra en las selva misionera. Todos los cánidos se apoyan parcialmente en los dedos al caminar dejando una huella característica; también sus excrementos son una clara señal de su presencia.

Típica huella de zorro con la marca de las uñas.

Familia Felidae (puma, yaguareté y gatos)

La familia de los felinos tiene siete géneros y treinta y seis especies entre las que se incluye el gato doméstico. Habitan en casi todo el mundo exceptuando Australia, Madagascar, algunas islas oceánicas y la Antártida.

Los felinos son los más carniceros de los carnívoros. Están especialmente adaptados para la caza y ello conforma una armonía de proporciones y elegancia de movimientos que no encontraremos en ningún otro animal carnicero. Tienen cabeza esférica con la caja cerebral es estrecha y las fosas orbitarias muy anchas. Poseen ojos adaptados para la visión nocturna cuyas pupilas se contraen verticalmente. Sus orejas pueden ser redondeadas o puntiagudas.

Gato de Pajonal en el Parque Nacional Lihué Calel.

Las patas son relativamente cortas y musculosas con gruesas garras retráctiles y la cola es larga ya que actúa de balancín en el salto o en el desplazamiento entre las ramas y rocas. La piel es suave y mimética con el entorno (lisa en el león para mimetizarse con los pastizales o con manchas en el yaguareté para camuflarse en las luces y sombras de las selvas). Este camuflaje les brinda una ventaja para la caza al acecho o para aproximarse a sus presas sin ser vistos. La dentadura es eficaz para dar muerte a una presa y para cortar la carne. Los incisivos son pequeños, no especializados y ubicados en línea horizontal. Los caninos alargados, afilados y ligeramente curvos. Los carniceros con los que cortan la comida son grandes y bien desarrollados. Sin embargo, los dientes no son las únicas armas de los gatos: sus garras son elementos adecuados para atrapar y colaborar en la muerte de una presa o defenderse de un ataque. Las zarpas anchas y redondeadas son cortas y las uñas retráctiles para no desgastarse en la marcha. El quinto dedo esta doblado hacia arriba para no rozar el suelo durante la marcha y evitar el desgaste de la potente garra. Los felinos son especialmente ágiles. Caminan con parsimonia y silencio ayudados por sus peludas patas y almohadillas plantares, pero también corren rápido y pueden dar saltos horizontales cuya longitud equivale a varias veces la de su cuerpo. Casi todos trepan con destreza a los árboles y muy pocos, como sucede con el tigre y el yaguareté, gustan del agua. En su mayoría son animales solitarios, pero algunos, como los leones viven en grupos familiares. Respecto a su inteligencia, los gatos están por debajo de los cánidos, aunque no tanto como se acostumbra suponer. En nuestro país existen diez especies de félidos que es el total de las especies que habitan América del sur: el gato de pajonal, el gato andino, el gato montés,

Excrementos de yaguareté con pelos de pecarí.

el gato huiña, el yaguarundí, el puma, el ocelote, el margay o gato tigre, el chiví o gato tigre chico y el yaguareté.

Familia Mustelidae (mustélidos)

Los mustélidos son carnívoros de tamaño mediano y movimientos ágiles. En general, tienen cuerpo largo, esbelto y achatado con patas muy cortas. La cabeza es pequeña y redondeada con el rostro corto y orejas pequeñas. Pueden ser terrícolas, arborícolas o acuáticos. Casi todos pueden excavar sus propias cuevas, gracias al desarrollo de las uñas, que son no retráctiles o semirretráctiles. Las manos y pies tienen cinco de-

Excrementos de huillín con restos de cangrejos.

Cuando los zorrinos desentierran bulbos o larvas de insectos, dejan típicas hociqueadas en el suelo.

dos. La familia tiene 25 géneros y alrededor de 70 especies vivientes distribuidas en casi todo el mundo. Hay tres grupos en nuestro país: los hurones, las nutrias verdaderas y los zorrinos.

Los zorrinos (subfamilia Mephitinae) se distinguen por tener el cuerpo más corto y redondeado que el de otros mustélidos. El hocico es ancho y como "de chancho", y el pelaje muy largo y áspero con diseños negro o pardo oscuro y blanco. Son típicas las uñas muy largas y curvadas, ideales para cavar. Producen una secreción de olor desagradable que utilizan como defensa. En nuestro país hay tres especies

Los hurones (subfamilia Mustelinae) son de tamaño mediano o pequeño. Tienen forma esbelta y cuerpo alargado con patas cortas. Muy ágiles, son por lo general terrícolas y solamente el hurón mayor es arborícola. Se alimentan de vertebrados y viven prácticamente en cualquier ambiente. En la Argentina hay cuatro especies autóctonas y una introducida.

Los lobos de río o nutrias verdaderas son acuáticos y de tamaño mediano a grande. Su cuerpo es largo y flexible con extremidades cortas, cola larga y orejas muy pequeñas. Tienen pies con membranas natatorias completas. La nariz tiene un espacio desnudo entre los orificios nasales (rinario) que es diferente en cada especie. Viven en ríos, lagos, esteros y costas marinas. Se alimentan de peces, cangrejos, y otros animales acuáticos (en algunos casos son muy específicos en su dieta). Emiten sonidos muy particulares parecidos a silbidos fuertes. En la Argentina se encuentran cuatro especies.

Familia Procyonidae (prociónidos)

Son carnívoros plantígrados o semiplantígrados, es decir, que al caminar apoyan la planta del pie como los humanos, y no la punta de los dedos como hacen los cánidos o los félidos. Son de tamaño mediano y formas rechonchas, que recuerdan tanto el aspecto de los osos como el de los zorros. Tienen patas cortas con cinco dedos provistos de garras y orejas cortas cubiertas de pelo. Son omnívoros y algunos principalmente vegetarianos. Todos ellos trepan bien a los árboles. Viven en parejas o grupos familiares. De esta familia existen seis géneros y alrededor de 16 especies, todas exclusivas de América. Hay dos especies en la Argentina. El conocido oso panda de China estaba incluido en esta familia, pero hoy se tiende a agruparlo con los osos.

La huella con la típica mano del Aguará-Popé es inconfundible.

Familia Canidae

31 Zorro de monte

Cerdocyon thous (Linnaeus, 1766)
Otros nombres: zorro de patas negras, zorro cangrejero, zorro perro; aguará-í (guaraní); graxaim o cachorro do mato (portugués); crab-eating fox (inglés)

Fue el primer zorro de Sudamérica descrito por Linneo. El naturalista Buffon lo llamó *chien des bois,* es decir, "zorro de lo bosques", ya que prefiere los ambientes cerrados y cercanos a los cursos de agua, antes que los espacios abiertos. Se diferencia del zorro pampeano por su cabeza más redondeada, el hocico y las orejas más cortas y la cola menos peluda. El color de su pelaje es distintivo: gris y bayo pálido sobre el que se destacan rayas más oscuras. Tiene una dieta variada y se adapta a las oportunidades de cada momento y lugar. Los frutos y semillas silvestres son una parte importante de su dieta, a veces hasta del 80 por ciento. En el norte de América del sur hay referencias a su preferencia por los cangrejos de río, lo que dio origen a su nombre inglés. También come peces, anfibios, huevos o insectos. Las parejas frecuentan el mismo sitio durante gran parte del año, y por eso resulta sencillo poder ubicarlas en el campo, sobre todo donde no se lo caza, como en el Parque Nacional El Palmar. Puede tener hasta dos camadas anuales. Ambos padres se ocupan de su cuidado y a los cinco meses las crías se independizan. Comparte con otras especies las leyendas tradicionales sobre "Juan el zorro" y según las recomendaciones de los hombres de campo, si alguien desea terminar sus días con la dentadura completa y sana, puede recurrir al uso constante de un mondadientes hecho con un hueso de este animal.

Clasificado como casi amenazado a nivel nacional. Su piel no tiene valor comercial, ya que no posee la calidad para satisfacer el mercado peletero. Pero es fuertemente perseguido por simple costumbre de caza.

Cabeza y cuerpo: 70-80 cm
Cola: 30-35 cm
Peso: 5-8 kg
Gestación: 52-59 días
Crías: 1-6

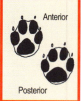

Familia Canidae

32 Aguará guazú

Chrysocyon brachyurus (Illiger, 1815)
Otros nombres: lobo de crin, lobo crinado, lobo rojo, lobo dorado, zorro del chaco, zorro potrillo, zorro de patas largas; calac (toba); lobo guará (portugués); maned wolf (inglés).

Este inconfundible y atractivo animal es el más grande de los zorros sudamericanos. Llama la atención por sus patas muy largas que le sirven para realizar extensas caminatas (hasta 32 km en una noche) y vadear esteros y lagunas. Tiene un andar muy peculiar, conocido como "amblado", en el que avanza al mismo tiempo las patas de cada lado del cuerpo, cuando trota o corre es algo desgarbado. Su pelaje es más bien largo, de un hermoso color rojo alazán, y en la nuca y la cruz forma una especie de crin. La cola termina en un penacho blanco. Principalmente crepuscular o nocturno, durante el día descansa en sitios de vegetación densa. Es solitario y sólo forma pareja durante la época de celo, que ocurre en otoño. Las parejas se mantienen de año en año. Caza de manera oportunista capturando ratas, armadillos, cuises, aves, otros pequeños vertebrados e insectos, dieta que complementa con frutos silvestres y vegetales como la caña de azúcar. Su figura, visible al crepúsculo y al amanecer, y su lastimoso grito facilitaron que el imaginario popular importara de Europa la leyenda "del lobizón", "hombre lobo" o "yaguá-bicho" que aún impera en el litoral argentino. Durante la época colonial, su cuero era utilizado para hacer cojinillos o sobrepuestos para la montura. Para algunas culturas nativas, como los tobas y mocovíes, representa a un animal sagrado envuelto de espiritualidad.

● Vulnerable. Se lo persigue por considerarlo —sin justificaciones— una especie perjudicial para el ganado. Sufre además enfermedades como la cistinuria o el parvovirus. La destrucción de su ambiente para la creación de arrozales o zonas de cultivo son otro importante problema.

Cabeza y cuerpo: 125 cm
Cola: 35-45 cm
Alzada: 75-80 cm
Peso: 25-30 kg
Gestación: 60-65 días
Crías: 2-5
Longevidad en cautiverio: 12-15 años

Anterior
Posterior

Familia Canidae

33 Zorro colorado

Dusicyon culpaeus (Molina, 1782)
Otros nombres: zorro grande, zorro fueguino, zorro andino, zorro araucano; culpeo o chulpeo (araucano); cilaaia (yagán); whaahsu o waash (ona); culpeo fox (inglés).

El zorro colorado, cuyo nombre se debe a la coloración general de su espeso pelaje, tiene una amplia distribución geográfica en montañas y estepas del continente americano. Existen varias razas que tienen grandes variaciones de tamaño y color. La de Tierra del Fuego es casi del tamaño de un perro pastor alemán. Hay otra de las Sierras Grandes de Córdoba y San Luis, a la que con un poco de suerte puede verse en el Parque Nacional Quebrada del Condorito. Es principalmente nocturno y carnívoro: sus presas más frecuentes son los roedores, seguido por aves y huevos. La liebre común europea, introducida en la Argentina, es uno de sus alimentos preferidos. También caza ovejas, pero la mortandad de ovejas por su causa estaría en tercer lugar de importancia (luego de los factores climáticos y la muerte natural). Fuera del tiempo de reproducción, lleva una vida solitaria en la que además de cuevas, utiliza troncos huecos del bosque como refugio. En el período que va de octubre a diciembre nacen los cachorros. Durante la época de amamantamiento, el macho es el que se ocupa de conseguir el alimento para la pareja. A los dos meses de vida, los cachorros comienzan a aprender las técnicas de caza. En la pequeña mancha negra, que tiene en la base de la cola, se encuentra una glándula que produce secreciones olorosas con las que el macho marca el territorio.

🟡 Casi amenazada a nivel nacional y figura en el apéndice 1 de la Regulación del Comercio Internacional de la Fauna y Flora Silvestres. En Patagonia se considera perjudicial para el ganado y se lo ataca con cebos tóxicos. Es el zorro de mayor valor en peletería. La raza de la provincia de Tierra del Fuego, conocida como zorro fueguino, es la más apreciada, ya que tiene una coloración más rojiza y un pelaje más espeso.

Cabeza y cuerpo: 70-100 cm
Cola: 30-50 cm
Peso: 7-13 kg. El macho es mayor que la hembra
Gestación: 60 días
Crías: 3-6

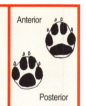
Anterior
Posterior

Familia Canidae

34 Zorro gris

Dusicyon gymnocercus (Fischer, 1814)
Otros nombres: zorro patagónico, zorro pampeano, zorro de campo; aguarachaí (guaraní); yeshgait (puelche); nurú o n-rú (araucano); graxaim do campo (portugués); gray fox (inglés).

Es un animal muy adaptable que habita los ambientes abiertos de la mayor parte del país. Con un territorio tan vasto existe gran variación en el aspecto de los animales de diferentes regiones, tanto que aquellos de la Patagonia y el oeste se consideraban hasta hace poco una especie diferente. Hábil y oportunista, se adapta bien a los sitios alterados por el hombre. Para refugiarse puede aprovechar vizcacheras y cuevas de peludos o de mulita que ensancha y acondiciona, pero también huecos de árboles u otras oquedades que utiliza para criar a sus cachorros. Se alimenta de mamíferos pequeños, aves, reptiles e insectos, pero también consume una buena proporción de frutos. Tiene el celo principalmente durante el otoño, y durante esta época emite un "guaaaá" característico. La proverbial astucia del zorro se manifiesta en sus acciones de caza. Muchas veces roba en los gallineros y también ataca corderos por lo cual es perseguido por los pobladores rurales, que además comercializan su piel. En los populares cuentos de "Juan el zorro" es el sobrino o socio del tigre (yaguareté), relatos que se repiten con variantes en toda la población criolla y en varias comunidades indígenas de la Argentina. La trama cuenta que Juan (pobre y trabajador) siempre se burla del yaguareté (fuerte, prepotente y rico). Resulta lógico que esta historia haya adquirido popularidad en un medio de sojuzgados ante el poder de los fuertes. En el año 1950 fue introducido en Tierra del Fuego.

● Abundante y muy adaptado a las modificaciones ambientales que le impone el hombre. Se lo mata por considerarse perjudicial y por su valor peletero. Es necesario legislar y regular la explotación comercial de su piel para que ésta resulte sostenible. En el período de 1997-1999 se extrajeron 170.000 ejemplares de la provincia de La Pampa con fines peleteros sin mediar ningún estudio poblacional.

Cabeza y cuerpo: 70-100 cm
Cola: 35 cm
Peso: 4-7 kg
Gestación: 58-60 días
Crías: 3-5

Familia Felidae

35 Yaguarundí

Herpailurus yaguarondi (Lacépède, 1809)
Otros nombres: gato moro, gato monero, gato perro, leoncillo, panterita; mbaracadya eirá, gato irará (guaraní); uchu mishi, anushi-puma (quechua); gato mourisco (portugués); otter cat, jaguarundi (inglés).

Muy distinto del resto de los gatos, debido a sus pequeñas orejas, forma alargada y patas relativamente cortas, su aspecto recuerda más bien al del hurón mayor que al de un felino. Por esto se lo llama con la misma voz que usan los guaraníes para este animal: "gato eirá o irará". Junto con el puma son los únicos felinos de la Argentina que no presentan manchas en su pelaje, pero esta especie es la que posee mayores variaciones en el color. Puede ser indistintamente pardo, rojizo, gris oscuro o negro, lo que dio lugar a que en el pasado se los describiera como especies diferentes. Hoy se sabe que en una misma camada pueden haber hermanos de distinto color. Es muy adaptable y habita tanto selvas tropicales o subtropicales como desiertos, y en todos estos sitios es frecuente verlo debido a sus costumbres diurnas. Aunque es fundamentalmente terrestre, trepa con gran agilidad a los árboles sobre todo cuando se siente perseguido. Muchas veces anda en pareja. Caza preferentemente aves, como pavas de monte o perdices, pero también captura mamíferos medianos o pequeños y no desperdicia otras presas como peces o insectos. Se dice que puede capturar corzuelas. A veces su cuero es utilizado como adorno de los aperos, sobre todo en Entre Ríos y en Santa Fe.

🟡 Vulnerable. Si bien no se lo caza por su piel, ya que no tiene valor en el mercado peletero, es perseguido cuando ataca los gallineros. Sufre la destrucción de su hábitat.

Cabeza y cuerpo: 51-77 cm
Cola: 28-51 cm
Peso: 2-9 kg
Gestación: 60-70 días
Crías: 2-4

Anterior
Posterior

Familia Felidae

36 Ocelote

Leopardus pardalis (Linnaeus, 1758)
Otros nombres: gato onza, tigrillo, tiricón, cunaguaro; chiví guazú, yaguatirica, yaguareté-í, mbaracayá guazú (guaraní); gato do mato grande (portugués); ocelot (inglés).

Es el tercer gato en tamaño de la Argentina, y uno de los más vistosos por las alargadas y caprichosas figuras de su piel. No existen dos ocelotes con la misma coloración e incluso en un mismo individuo el diseño varía con la edad. Su mayor tamaño y la cola corta lo diferencian de los otros gatos manchados. Sus costumbres son mejor conocidas que las de otras especies de América del Sur. En los parques nacionales Iguaçu e Iguazú de Brasil y la Argentina se trampearon ocelotes para colocarles un radiocollar con el que seguir sus movimientos. Estos estudios permitieron determinar horarios de actividad y tamaño de territorios. Los machos tienen territorios más grandes que las hembras, y más de una hembra puede superponer el suyo con el de un macho. Puede caminar hasta 8 km por noche en busca de presas. Caza principalmente en el suelo animales medianos y pequeños, como tapetíes o agutíes, aves y lagartos overos. Vive en ambientes muy variados, tanto zonas boscosas como selvas y montes. En algunas regiones se acerca a los gallineros por lo que se lo combate. En estado silvestre vive de 8 a 10 años, mientras que en cautiverio alcanza la edad de 20 años. El nombre "ocelote" deriva de la palabra *tlaco-ozelotl* que le daban los mexicanos y que nada tiene que ver con sus manchas oceladas, como pudiera creerse.

Vulnerable. Su piel fue una de las más buscadas para satisfacer el comercio peletero y de artesanías. Durante la década de 1960, 1970 y hasta la de 1980 se lo explotaba legalmente. Hoy ha desaparecido de muchas regiones, como la provincia de Corrientes.

Cabeza y cuerpo: 70-90 cm
Cola: 30-40 cm. El macho es mayor que la hembra.
Peso: 8-14 kg
Gestación: 60 días
Crías: 1-2

Anterior

Posterior

Familia Felidae

37 Tirica

Leopardus tigrinus (Schreber, 1775)
Otros nombres: gato tigre, tirica hocico rosado, gato tigre chico; yaguá tirica, chiví, mbaracayá-mirí (guaraní); gato onza chico, oncilla (portugués); little tiger cat (inglés).

Más chico que un gato doméstico, se trata de uno de los felinos más pequeños. En la fugaz visión de este animal en las selvas donde habita, es fácil confundirlo con los otros gatos manchados, principalmente con el margay, pero el tirica es de rasgos más estilizados, y tiene la cola mucho más corta y fina. En una visión más cercana pueden observarse las manchas pequeñas del pelaje que tienden a formar anillos con el centro claro mientras que en el margay son mas grandes y alargadas. La nariz rosada también lo diferencia del margay, ya que en éste es negra. Se conoce muy poco sobre su biología. Se ha confirmado que prefiere el suelo a los árboles, pero como la mayoría de los gatos es un hábil trepador. Solitario y nocturno, se alimenta de aves, lagartos y pequeños mamíferos, como roedores y comadrejas. Su hábitat son las selvas húmedas del norte argentino en las provincia de Misiones y el extremo norte de Salta. Su piel, como la de todos los felinos manchados, era utilizada como adorno por los nativos de la selva. Según las creencias de los guaraníes, la buena vista y capacidad de moverse con sigilo de los gatos, dos cualidades indispensables para el cazador, era traspasada a aquellos que utilizaban sus cueros, garras o dientes como adorno o parte de su indumentaria.

● Vulnerable. En 1971 fueron requisadas 28.000 pieles en depósitos en el Brasil (sólo entre el 5 y el 10 % de este tipo de tráfico es decomisado y descubierto, con lo cual el volumen sería mucho mayor). Sufre además la destrucción de su hábitat.

Cabeza y cuerpo: 40-55 cm
Cola: 25-40 cm
Peso: 2,75 kg
Gestación: 65 días
Crías: 1-2

Familia Felidae

38 Margay

Leopardus wiedii (Schinz, 1821)
Otros nombres: gato pintado, tirica malla grande, gato brasil; chiví, yaguareté-í, mbaracayá miní, yaguá tirica (guaraní); huamburushu (quechua); gato do mato, mirim peludo (portugués); margay (inglés).

Recuerda a un pequeño ocelote, aunque con la nariz de color negro en lugar de rosa y la cola mucho más larga y gruesa. Los ojos pardos son muy grandes como una clara adaptación a su vida esencialmente nocturna. Esta característica, más las manchas longitudinales y un remolino de pelos entre los hombros de su pelaje algo lanoso, permiten diferenciarlo del tirica, el felino que más se le asemeja. Es el más trepador de los gatos argentinos. Prefiere los montes altos y con vegetación densa, donde se mueve entre el ramaje utilizando su larga cola como un balancín, dando largos saltos o descendiendo cabeza abajo agarrado de los troncos como las ardillas. Además tiene las manos muy grandes y la capacidad de rotar 180 grados su muñeca para poder afirmarse mejor en sus acrobacias. Aunque también se desplaza por tierra, caza principalmente entre las ramas. Su impresionante agilidad le permite alcanzar sitios inaccesibles para otros cazadores, en busca de roedores, comadrejitas y aves. Como la mayoría de los gatos marca su territorio rociando ramas y otros objetos con orina que forma depósitos oscuros. Durante el día descansa protegido en huecos de árboles o entre las ramas y lianas, donde construye sus "nidos".

Vulnerable. Es poco tolerante a la modificación de la selva misionera. Ocasionalmente los cachorros son comercializados al lado de las rutas. Poco requerido en peletería, porque el color de su pelaje se considera muy variado y poco estético.

Cabeza y cuerpo: 50-70 cm
Cola: 35-49 cm
El machos es mayor que la hembra.
Peso: 3-9 kg
Gestación: 60 días
Crías: 1-3

Anterior
Posterior

Familia Felidae

39 Gato del pajonal

Lynchailurus pajeros (Molina, 1782)
Otros nombres: gato pajero, gato de las pajas, gato de las pampas, fantasma del monte, gato colocolo (Chile); mbaracayá-tí (guaraní); hichu-mishi (quechua); gato palheiro (portugués); pampas cat (inglés).

Es el más terrestre de los gatos de la Argentina. Vive en pastizales, pajonales, matorrales y bosques abiertos desde el nivel del mar hasta los 5.000 metros de altura. El largo pelaje, las orejas algo puntiagudas y las rayas que presenta en las patas y en su cola corta, lo diferencian del resto de los felinos del país. Sus colores miméticos se confunden con los amarillos pajonales pampeanos, pero como sucede con el gato montés, hay mucha variedad de tamaños y coloración entre los individuos que viven en distintas regiones. Es tolerante a los ambientes modificados. Es un cazador nocturno de pequeños mamíferos de no más de medio kilo de peso y aves, fundamentalmente perdices. En la Patagonia se lo ha visto robando huevos y nidos de pingüinos de Magallanes. En cautiverio puede llegar a vivir 16 años, pero nunca llega a domesticarse totalmente.

Vulnerable. Se están realizando estudios que permitirán conocer mejor su status. Después del gato montés, fue la especie más explotada en la Argentina. Entre 1976 y 1979 se exportaron alrededor de 78.000 cueros, pero desde la década de 1980 el comercio disminuyó.

Cabeza y cuerpo: 53-67 cm
Cola: 23-32 cm
Peso: 3-7 kg
Gestación: 80-85 días
Crías: 1-3

Familia Felidae

40 Gato montés

Oncifelis geoffroyi (D´Orbigny y Gervais, 1844)
Otros nombres: overito, gato barcino, gato de las salinas o salinero; mbaracayá (guaraní); sacha mishi (quechua); gato do mato (portugués); geoffroy's cat (inglés).

Por su aspecto y tamaño puede confundirse con un gato doméstico sobre todo en los frecuentes casos de melanismo. Es el más abundante de los felinos silvestres argentinos y el que tiene su distribución geográfica más extendida ya que se adapta a ambientes muy diversos. Por esto presenta una gran variedad de tamaños y colores que harían pensar que un individuo originario de la Patagonia y otro del Chaco son especies diferentes. Los animales del sur del país son los de mayor tamaño y tienen el pelaje de fondo muy pálido; los del centro oeste son pequeños y con el manchado poco contrastado; mientras que los del norte tienen un color leonado. Prefiere sitios arbolados o rocosos y gusta mucho del agua. En amplias porciones de su distribución, como sucede en el Parque Nacional Lihué Calel, un excelente sitio para observar felinos, convive con el gato de los pajonales y con el yaguarundí. Es de hábitos nocturnos, pero en donde no se lo persigue anda también de día. Fundamentalmente caza pequeños mamíferos, aves y también ranas y peces. Allí donde abunda la liebre europea, ésta es su presa principal. En cautiverio ha llegado a vivir hasta 14 años. En la tradición gaucha, los domadores de caballos se untaban las piernas con grasa de gato montés a fin de caer parados, en caso de ser despedidos del caballo como lo hacen los felinos.

● Potencialmente vulnerable. El gato más explotado por el comercio peletero. Entre 1976 y 1979 se exportaron de la Argentina 400.000 pieles de felinos, el mayor porcentaje de gato montés. Aunque en los años siguientes disminuyó la demanda, la conservación de algunas poblaciones depende de la efectiva prohibición de caza.

Cabeza y cuerpo: 45-70 cm
Cola: 25-35 cm
Peso: 4- 8 kg
Gestación: 70 días
Crías: 1-4

Anterior
Posterior

Familia Felidae

41 Gato huiña

Oncifelis guigna (Molina, 1782)
Otros nombres: guiña, gato pintado; kod-kod, hynaum (mapuche); austral spotted cat (inglés).

Es el felino más pequeño de la Argentina. De aspecto muy similar al gato montés, se diferencia por el tupido pelaje que es más oscuro y de tono bayo rojizo con las manchas más redondas. La cola marcada de 10 a 12 anillos es más corta y gruesa. También es diferente el color de los ojos que es pardo en lugar de verde amarillento, y de su nariz que es negra y no rosada. Vive en matorrales y sitios rocosos de los bosques del sur. Muestra una gran habilidad para trepar a los árboles y aprovecha la vegetación característica de la "selva valdiviana", donde construye "nidos" sobre los árboles o sobre las matas de caña colihue para mantener las crías fuera del alcance de predadores, como el puma o el zorro. Parece ser más abundante en Chile que en la Argentina, donde es difícil de ver, al punto que las únicas fotos conocidas corresponden a este cachorro que cayó accidentalmente en una fiambrera en el Parque Nacional Nahuel Huapi. Su dieta incluye pequeños mamíferos, aves e incluso la rata parda o aves de corral. En cautiverio ha sobrevivido hasta once años, demostrando ser sumamente agresivo e indomesticable. Así lo describe el naturalista chileno Rafael Housse: "*Más salvaje que el puma, da la cara a uno o varios perros; siempre que tenga con qué respaldarse, resopla, esgrime con acierto las afiladas uñas de las garras, luego de espaldas rechaza a los cazadores que la asedian arañándolos hondamente antes de sucumbir*".

No hay datos suficientes para categorizarlo. Algunos especialistas lo consideran vulnerable. Pese a ser naturalmente raro, se han encontrado pieles de estos animales en distintos procedimientos realizados por inspectores de fauna en la Argentina mezcladas junto a pieles de gato montés.

Cabeza y cuerpo: 39-51 cm
Cola: 19-25 cm
Peso: 2-5 kg
Gestación: 65 días
Crías: 1-3

Anterior
Posterior

Familia Felidae

42 Puma

Puma concolor (Linnaeus, 1771)
Otros nombres: león, lión, león bayo; león de montaña (Uruguay); yaguá-pitá (guaraní); paghi, trapial (mapuche); haina (puelche); onça parda, onça vermelha (portugués); mountain lion, puma (inglés).

El más adaptable de los felinos americanos habita desde Canadá hasta el sur de la Argentina, en ambientes tan variados, como la puna a más de 4.000 metros de altura y las húmedas selvas de Misiones. El color y el tamaño varían según las regiones; por ejemplo, los animales misioneros son de tonos rojizos, mientras que los de Patagonia son leonados o grises y de gran tamaño. Durante el año es solitario, pero tiene dos épocas de celo, entre agosto y septiembre y de enero a febrero cuando cada leona atrae a varios "galanes". Las crías nacen manchadas y pierden el diseño a medida que crecen. Merodeador nocturno, prefiere la luz del alba. Su variada dieta incluye desde vizcachas, armadillos y corzuelas hasta grandes herbívoros, como el guanaco o el ciervo colorado, y también potrillos, terneros o lanares. Los gauchos lo perseguían a campo raso, con jaurías de perros especialmente entrenados y, cuando estaba rodeado, lo mataban con sus boleadoras. Hoy se lo mata con perros dogos y rifles. Su carne es apreciada, sobre todo en comunidades rurales de Patagonia. El naturalista Guillermo Enrique Hudson refiere algunas historias de pumas "amigos del hombre" que no atacan al mismo, aunque también se han producido ocasionales ataques de animales viejos, cebados o criados en cautividad y después devueltos a la naturaleza.

Desapareció de Corrientes y Entre Ríos. En La Pampa, Chaco, Jujuy, Formosa y La Rioja se lo "protege" mientras que en otras provincias se otorgan permisos para cazarlo por considerarlo perjudicial o plaga. Su persecución es muy intensa. Es víctima del mascotismo, ya que se cría de cachorro y luego se convierte en un potencial peligro.

Cabeza y cuerpo: 10-15 m
Cola: 55-80 cm, el macho es mayor que la hembra.
Peso: 35-100 kg
Gestación:
Crías: 2-3 por año

Anterior
Posterior

Familia Felidae

43 Yaguareté

Leo onca (Linnaeus, 1758)
Otros nombres: yaguar, bicho, el overo, el pintado, sacha tigre, tigre; yaguareté hú, yagua-pará, chivi-guazú (guaraní); kiyoc (toba); tiog (mataco); yiqué o yquempé (chunupí); uturunco (quechua); nahuel (araucano); ksoguen-igoaloen, halschehuen (tehuelche); chalue, jalue, kalvun (puelche); vutahuenchuru (mapuche); onça pintada (portugués); jaguar (inglés).

Es el mayor felino de América. Su figura suele confundirse con la del leopardo africano, aunque éste es más estilizado, de cola más larga y no tiene las rosetas oscuras en las manchas de la piel. El pelaje manchado de este solitario animal resulta una estrategia eficaz para ocultarse en el juego de luces y sombras de la vegetación y así poder aproximarse a las presas. Su dieta incluye desde pequeños roedores, ciervos y tapires hasta ganado vacuno de 500 kilos. Como al tigre asiático le gusta frecuentar los cursos de agua para protegerse del calor y de los insectos, donde también captura peces, tortugas y yacarés. En el Parque Nacional Iguazú se calculó una densidad de un animal cada 55 km^2. Las crías alcanzan la madurez sexual a los dos años. Hoy ha desaparecido de gran parte de su distribución original. En el año 1903 o 1904 fue muerta la última tigresa de Buenos Aires, en el partido de Magdalena. El nombre de "tigre" en el delta del Río de la Plata se debe a la antigua presencia de este animal en esa zona. Su imagen sigue teniendo un importante significado en la cultura argentina, donde dio origen a leyendas como las del runa uturunco, en el noroeste, o la del yaguareté-aba para la zona misionera donde su presencia, aunque no lo veamos, es símbolo de respeto y de aquella naturaleza silvestre que deberíamos preservar.

● Amenazado a nivel nacional. Declarado Monumento Natural de la Nación. Se la considera una especie "problema" ya que caza animales domésticos. En la segunda mitad del siglo XIX se exportaron 2.000 cueros anualmente. La destrucción de su ambiente y la caza furtiva son los principales problemas en la actualidad.

Cabeza y cuerpo: 130-180 cm
Cola: 45-75 cm
Peso: 60-150 kg. El macho es mayor que la hembra.
Gestación: 100 días
Crías: 1-5

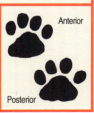

Anterior
Posterior

Familia Mustelidae

44 Lobito de río

Lontra longicaudis (Olfers, 1818)
Otros nombres: nutria verdadera, lobito del plata, lobo de agua, lobito cambá, gato de agua; lobo pé (guaraní); lontra (portugués); neotropical river otter (inglés).

Aunque es un pariente cercano de la nutria de Europa, en la Argentina el nombre más utilizado para este animal es el de lobito, ya que el nombre de nutria se utiliza para el coipo, que es un roedor. Se encuentra en ríos, arroyos, lagunas y esteros, generalmente cerca de la orilla. Es principalmente diurno, pero donde se lo caza sale durante la noche. Tiene movimientos ágiles sobre todo en el agua, donde nada y bucea con gran destreza usando su gruesa cola para remar. Principalmente solitario, mantiene contacto con otros congéneres a través de marcas, excrementos y señales olfativas. Aunque su alimento principal son los peces, no desprecia moluscos o crustáceos que se pongan a su alcance y donde habita es común hallar bivalvos rotos con la marca de los dientes. También se puede detectar su presencia por los excrementos, que tienen abundantes espinas y escamas de peces. Además come ranas y otros pequeños vertebrados. Para comer se dirige a tierra y toma el alimento con las manos. Los machos y las hembras se reúnen durante un corto período durante el celo, que ocurre principalmente en otoño y primavera. En los lugares donde no es perseguido, como la Reserva provincial "Esteros del Iberá", en Corrientes, suele acercarse curioso a los botes, para luego alejarse emitiendo agudos ladridos y gruñidos. Quien primero escribió sobre la especie fue el naturalista español Félix de Azara en el Paraguay.

Vulnerable. Es Monumento Natural de la provincia de Corrientes. Sufre presión de caza por el uso de su piel. Tal vez sea la especie de nutria que más tolera la modificación del hábitat. Puede encontrársela en lugares cercanos a ciudades como Rosario o Posadas.

Cabeza y cuerpo: 60-80 cm
Cola: 37-57 cm
Peso: 6-12 kg
Gestación: 60-70 días
Crías: 1 a 5

Familia Mustelidae

45 Lobo gargantilla

Pteronura brasilensis (Gmelin, 1788)
Otros nombres: lobo grande de río, lobo corbata, lobo marino, lobito de río de cola ancha, tigre de agua, nutria gigante; ariraí (tupí); lobo pé guazú (guaraní); yacu puma (quichua); enelquiagae (mocoví); ariranha (portugués); giant otter (inglés).

Es la nutria más grande del mundo y una de las más adaptadas a la natación ya que tiene una gran cola aplanada para remar. Es también una de las más sociables. Forma grupos que por lo general son de cuatro a diez individuos, pero que pueden llegar hasta quince. Lo conforman una pareja de adultos y sus hijos de una o más generaciones. Son animales diurnos, activos y ruidosos que recorren ríos y riachos de escasa corriente, aunque también ambientes de corredoras o lagunas y esteros con vegetación densa. Como todos los animales sociables, las nutrias gigantes utilizan voces variadas para comunicarse. Se le conocen nueve diferentes tipos de sonidos. El grupo utiliza troncos que llegan al agua o a sitios limpios en las márgenes para descansar y comer. Durante la noche se guarece en cuevas excavadas en el borde de los ríos en donde también cuida a las crías. Se alimenta fundamentalmente de peces que pesca en conjunto. También caza crustáceos, tortugas, aves acuáticas y a veces ataca boas o yacarés. En la Argentina, este animal era frecuente en el Paraná medio y de acuerdo con las referencias de antiguos viajeros, se los veía diariamente cazar y pescar mientras se remontaba el río. Hoy aparentemente ha desaparecido en todo el país. En Perú y parte del Amazonas brasileño su presencia en áreas protegidas es un importante atractivo para el desarrollo del ecoturismo. El misionero jesuita Florián Paucke nos narra: "*Los españoles labran muy bien estos cueros, hacen chalecos y pantalones que asemejan el terciopelo más fino. Las pieles tienen un efecto excelente contra el dolor de cintura y ciática si sólo se llevan como cinturón, alrededor del vientre*".

🔴 En extremo peligro o posiblemente extinguido en la Argentina. Hay antiguos registros de Misiones, Corrientes, Chaco y Santa Fe, pero desde hace más de 40 años no existen datos de grupos familiares para el país. El último registro es de un ejemplar solitario en 1986. Problemas: la modificación del hábitat por la construcción de represas y desmonte, el contagio de enfermedades de animales domésticos y la persecución como animal peletero (Brasil exportó 61.000 cueros en 9 años).

Cabeza y cuerpo: 90-140 cm
Cola: 55-75 cm
Peso: 22- 35 kg
Gestación: 65-75 días
Crías: 2-3 (hasta 5)

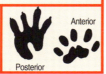
Anterior
Posterior

Familia Mustelidae

46 Zorrino común

Conepatus chinga (Molina, 1782)
Otros nombres: zorrillo, lista blanca; yaguané (guaraní); chingue o chiñe (araucano); añas, añasco, añango o añatuya (quichua); pishinga o paicansillo (Salta); zorrilho (portugués); hog-nosed skunk (inglés).

Todo el mundo conoce a los zorrinos. Es muy fácil retener en la memoria el contrastado negro y blanco del pelaje que evidentemente es un logrado diseño identificatorio. Gracias a esto, el ser humano o animal que haya experimentado en alguna oportunidad su perfume podrá reconocerlo y evitarlo la próxima vez que se cruce con él. Pero, aunque este pelaje es inconfundible, el ancho de las bandas y la proporción del negro y blanco de la cola es muy variable y cambia según las regiones e incluso en una misma población. Por ejemplo, los animales de Cuyo tienen el extremo de la cola blanco mientras que los del Litoral son de bandas angostas con la cola corta y negra. El zorrino sale preferentemente al crepúsculo y durante la noche. Come un poco de todo y en realidad se adapta a lo que encuentra. Le gustan los insectos y sus larvas, los anfibios, lagartijas, bulbos y raíces. Se encuentra en distintos ambientes, tanto en pastizales como bosquecillos y estepas. Guillermo Enrique Hudson escribe sobre él: *"Quizás fuera posible brindarle al lector una idea del carácter odioso de esta criatura, diciendo que a quienes llegan del extranjero jamás he omitido de prevenirlos contra el zorrino, describiéndoles minuciosamente sus costumbres y aspecto. Lo peor es el olor de su líquido, —tras lo cual el del ajo picado es un perfume de lavanda— que tortura los nervios olfatorios y parece invadir todo el sistema"*. En el noroeste a quien tiene mala suerte dicen que está "orinado por los zorrinos".

● Potencialmente vulnerable. Es uno de los animales que más sufre los atropellamientos en las rutas de todo el país. Su piel fue utilizada en peletería. Sufre por el uso indiscriminado de pesticidas. Es un importante "insecticida" natural.

Cabeza y cuerpo: 30-45 cm
Cola: 20-35 cm
Peso: 2- 3 kg
Gestación: 40 días
Crías: 2-5

Familia Mustelidae

47 Zorrino patagónico

Conepatus humboldtii Gray, 1837
Otros nombres: zorrino austral; chinga, chingue o chiñe (araucano) shani (mapuche) dakama (puelche); wekeshta (tehuelche); patagonian skunk (inglés).

Las franjas blancas unidas en la cabeza, junto con su cola muy vistosa de pelos largos y suaves lo caracterizan. Pero es muy semejante al zorrino común y probablemente ambos pertenezcan a la misma especie. El zorrino patagónico vive tanto en ambientes esteparios como en la transición de bosques abiertos en las estribaciones de la cordillera. Habita en troncos huecos o en cuevas de 2 a 3 metros de profundidad que él mismo cava o que se encarga de acondicionar. Como todos los zorrinos, es terrestre y camina con un típico andar lento meneando el tren posterior. Es omnívoro. Captura insectos, lombrices, pequeños roedores, anfibios, huevos de aves, bulbos y frutos. A pesar de pertenecer al orden de los carnívoros, los zorrinos no usan sus dientes para defenderse. No los necesitan. Ante una agresión levantan la cola y golpean el suelo con las manos para avisar del peligro. Si el atacante insiste, expulsan en forma de rocío una secreción olorosa terriblemente desagradable y persistente que no es su orín, sino el producto de un par de glándulas anales. A pesar de esta defensa, hay animales que lo capturan sin darle el tiempo a utilizarla. Los mapuches dicen que es un haragán tan grande que no se toma la molestia de cavar su cueva, sino que le deja esta tarea a su mujer. Para los tehuelches, el zorrino o wekeshta era un traidor, y daban este nombre a los que se vendían al ejército de Julio Argentino Roca durante la campaña al desierto.

🟡 Potencialmente vulnerable. Se desconoce su situación, ya que no hay estudios del estado de sus poblaciones. Intensamente capturado en el pasado, en 1938 se exportaron 15.000 pieles a Punta Arenas (Chile). Como todos los zorrinos durante la década de 1970 y 1980 fue aprovechado en el mercado peletero con el apelativo de "skunk".

Cabeza y cuerpo: 40 cm
Cola: 20-25 cm
Peso: 1,7-3 kg
Gestación: 40 días
Crías: 2-5

Familia Mustelidae

48 Hurón mayor

Eira barbara (Linnaeus, 1758)
Otros nombres: hurón grande, hurón mielero; eirara, irará, eirá (guaraní); ucate (quichua); papa mel (portugués); tayra (inglés).

Es un animal grande y con patas muy largas para un mustélido. Tiene el pelaje corto y oscuro con la cabeza y el vientre más claros, y con una mancha amarillenta o blanco crema en la garganta. La cola es larga y peluda. Los juveniles presentan una coloración bayo-grisáceo hasta que son adultos. Es principalmente diurno, y se lo puede ver atravesando picadas en la selva o bordes de arroyos. A diferencia de los otros mustélidos, trepa a los árboles y se desplaza entre las ramas con asombrosa agilidad, descendiendo de los troncos cabeza abajo. Anda solo o en parejas. Su nombre guaraní "Irara" significa "señor de la miel" ya que busca con pasión las colmenas silvestres, aunque éste no sea su principal alimento. Es un eficiente predador que caza entre las ramas monos, ardillas o aves. También caza en el suelo y el naturalista Andrés Giai nos cuenta: "*A pesar de su tamaño, es el más sanguinario de los carniceros de Misiones. Acostumbra a cazar en parejas, aunque prefiere pequeños mamíferos y aves, circunstancialmente captura venados a los que persigue con encarnizamiento galopando el día entero hasta que logran cansarlo: entonces se prenden de él y comienzan a comerlo vivo, empezando por los ijares, sin que no les importe los balidos lastimeros de la víctima*".

Vulnerable. No tiene utilidad económica que justifique su caza. Su piel no es requerida en el mercado peletero. La destrucción de la selva lo afecta seriamente, ya que no se adapta a las modificaciones del ambiente.

Cabeza y cuerpo: 56-68 cm
Cola: 35-50 cm
Peso: 4-6 kg
Gestación: 65 días
Crías: 2-4

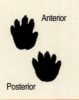
Anterior
Posterior

77

Familia Mustelidae

49 Hurón menor

Galictis cuja (Molina, 1782)
Otros nombres: hurón mediano, hurón chileno, grisón; yaguacumbé, irará-í (guaraní); cuya, quique (Chile); ucate (Jujuy); furao o aracambé (portugués); southern grison (inglés).

Este hurón habita ambientes muy variados, desde selvas cerradas hasta estepas y montañas. Vive en cuevas, huecos de troncos o grietas en las rocas. Estas cuevas son simples con una cámara ensanchada al final. Muchas veces utiliza vizcacheras o amplía cuevas de roedores después de comer a sus moradores. Es pequeño, vivaz, inquieto y sociable. En general vive en parejas o en familia que se desplazan en fila india y es frecuente que los miembros del grupo jueguen y se persigan unos a otros. Es un buen nadador. Como es principalmente diurno y se adapta con bastante eficacia a los cambios que genera el hombre, es frecuente su encuentro en el campo, donde lo que primero llama la atención de su apariencia es lo negro de la cara y el cuello que contrastan con la vincha blanco crema que se extiende hacia atrás. Es un feroz predador que captura cuises, ratones, reptiles y aves. Cuando caza busca sus presas revisando minuciosamente grietas, cuevas y senderos de cuises o ratones. Al igual que el zorrino, posee glándulas odoríferas —en este caso no tan fuertes— como un elemento de defensa. Los animales capturados jóvenes se tornan muy mansos y muchas veces se los cría para la captura de ratas y ratones, siendo más eficaz que los gatos. Con ese objetivo se mantenía a varios ejemplares en los sótanos de un prestigioso colegio de la ciudad de Buenos Aires. Antiguamente los campesinos de Chile entrenaban hurones para cazar la chinchilla al igual que se hace con el hurón europeo para la caza del conejo.

● No tiene mayores problemas de conservación, aunque habría que analizar su situación localmente. No se conoce el impacto causado en la Patagonia, por la introducción del visón, que ocupa un nicho ecológico parecido.

Cabeza y cuerpo: 40-45 cm
Cola: 15-20 cm
Peso: 1,5- 2,5 kg. El macho es mayor que la hembra.
Gestación: 60 días
Crías: 2-5

Familia Procyonidae

50 Coatí

Nasua nasua (Linnaeus, 1766)
Otros nombres: Osito de los palos; Sachamono (quichua); cuatí (guaraní); sancho (Salta); coatí mondé, para el macho solitario (portugués); coati, coati-mundi (inglés).

Es un animal diurno, muy activo y social que forma tropas de hembras con crías de hasta veinte o treinta individuos liderados por una hembra adulta. Los machos de más de dos años son expulsados del grupo y llevan una vida solitaria por lo que muchas veces la gente cree que se trata de una especie diferente. Solamente durante el período del celo, el macho adulto se incorpora al grupo, pero queda subordinado a las hembras. El grupo avanza en conjunto, con la cola levantada verticalmente, mientras sus miembros revisan entre la hojarasca y la vegetación introduciendo el hocico en grietas, bajo piedras y troncos. Come casi todo lo que encuentra, desde frutos, semillas y brotes de plantas hasta insectos, ratones, pájaros o lagartijas. Es un animal ruidoso que produce gruñidos, silbidos y otros diversos sonidos. Es cazado por varios felinos, como el ocelote, el yaguareté y el puma. En caso de alarma un vigía da un grito de advertencia y el grupo escapa a los árboles. En el Parque Nacional Iguazú se acostumbró al hombre y se aproxima a los turistas en busca de alimento, lo que ocasiona el problema de la pérdida de las formas naturales de vida de los animales y de posibles mordidas para los visitantes. Por ello se prohíbe alimentarlos. Félix de Azara refiere la costumbre de los guaraníes, copiada por los paisanos misioneros, de tenerlo como mascota: "*Le crían sin dificultad en las casas, pero le tienen atado, porque suelto trepa por todo y no deja cosa que no revuelva y enrede. Es tan indócil que ni a golpes hace cosa contra su voluntad*".

● Es cazado para alimento. Requiere de estudios locales para establecer su situación poblacional en provincias como Salta o Jujuy. Protegido en varios Parques Nacionales.

Cabeza y cuerpo: 60-75 cm
Cola: 50-65 cm
Peso: 7-8 kg
Gestación: 70-75 días
Crías: 3-6

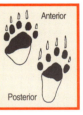

Familia Procyonidae

51 Aguará popé

Procyon cancrivorus (Cuvier, 1798)
Otros nombres: osito lavador; mayuato, mayu-atoj (quichua); mao pelada (portugués); crab-eating raccoon (inglés)

Es el equivalente sudamericano del mapache, aunque la cola anillada y el característico antifaz negro, están menos marcados que en su pariente norteamericano. Se encuentra siempre cerca de cursos de agua (a menudo en zonas cerradas de montes y selvas). Durante el día permanece en los árboles, pero al atardecer y en la noche se activa para buscar su comida. Caza tanteando con las manos en ríos y arroyos, cangrejos, ranas y otros pequeños animales a los que golpea en el suelo, como si lo estuviera "lavando" antes de comer. Utiliza las manos y sus largos dedos para asir los objetos. Sus huellas, que quedan con frecuencia marcadas en los bordes de los cursos de agua, son inconfundibles y parecidas a la huella de la mano de un niño. Ocasionalmente ataca los gallineros para buscar huevos. Quien haya escuchado su grito que rompe de pronto el silencio nocturno del campo como un agudo y áspero ¡huaaaa! verdaderamente terrorífico, que se escucha a cuadras de distancia, no lo olvidará jamás. En la provincia de Catamarca, se usa la expresión "malo como un mayuato", para la persona de mal genio o a la que grita sin motivo.

● Vulnerable. Problemas: la fragmentación de su hábitat y el desconocimiento de su biología básica. El mayuato no tiene la plasticidad del mapache para adaptarse a las modificaciones del ambiente, ya que mientras uno es un habitante periurbano, el otro necesita ambientes naturales en buenas condiciones para sobrevivir.

Cabeza y cuerpo: 60 cm
Cola: 35-40 cm
Peso: 3,5-7 kg
Gestación: 60 a 73 días

Anterior
Posterior

Orden Pinnipedia

Los Pinnípedos son mamíferos marinos altamente especializados para la vida en el agua. Tienen los miembros transformados en aletas que sirven para la natación. Muchos de ellos pasan gran parte de su vida en el mar, pero todos deben regresar a tierra para la temporada reproductiva.
El orden de los Pinnípedos tiene tres familias: las focas verdaderas (*Phocidae*), evolucionadas de ancestros parecidos a las nutrias; los otáridos (*Otaridae*), que agrupa a los lobos y leones marinos; y la morsa (*Odobaenidae*), que habita en el Ártico.

Familia Otaridae (leones y lobos marinos)

Hembra y cría de león marino austral.

Son animales de cuello largo y robusto, con la extremidades posteriores vueltas hacia delante. Los otáridos utilizan las extremidades anteriores y posteriores para apoyarse, y para moverse en tierra caminan, saltan y corren sin apoyar el vientre en el suelo. En el agua se impulsan con los miembros anteriores. El cráneo es muy robusto, especialmente en los machos.
Los machos de los otáridos son muy grandes, casi del doble del tamaño que las hembras. Forman harenes muy numerosos, y durante la época de reproducción defienden un territorio donde nacen las crías y se aparean con las hembras, momento en que los bramidos y aullidos se escuchan desde lejos. Terminada la reproducción, los animales van al mar y pasan allí el resto del año.
A los lobos marinos se los ha llamado erróneamente "focas", generalizándose el término a raíz de la utilización de estos animales en circos y exhibiciones. Pero las focas no tienen capacidad para desplazarse en sus cuatro extremidades y se arrastran con ondulaciones del cuerpo, por lo que difícilmente podrían realizar los ejercicios de acrobacia de los que sí son capaces los lobos marinos. Otra diferencia con las focas es que los otáridos tienen pequeñas orejas.
Hay cuatro especies citadas para el territorio argentino que pertenecen a dos géneros: uno corresponde al león marino del sur (*Otaria byronia*), y el segundo al lobo fino patagónico (*Arctocephalus australis*), el lobo fino antártico (*Arctocephalus gazella*), y con avistajes accidentales el lobo fino tropical (*Arctocephalus tropicalis*).

Familia Phocidae (focas)

Son animales de cuerpo fusiforme, con la cabeza generalmente pequeña y el cuello corto. Carecen de orejas. Las aletas anteriores son más cortas que en los otáridos y las posteriores están vueltas hacia atrás; tienen los dedos primero y quinto mucho más desarrollados que los otros tres. Las extremidades no les sirven para caminar cuando están en tierra, en donde se mueven con movimientos ondulantes del cuerpo, a veces empujando con las aletas anteriores. Para andar en el agua utilizan las aletas

Hembra de elefante marino con su cría en Península Valdés.

posteriores como propulsores, y las aletas anteriores les sirven para dirigir el rumbo. Las focas acuden a tierra sólo para parir y cuidar a sus crías que nacen protegidas por un espeso pelaje lanoso, que pierden antes de entrar por primera vez en el agua.

Se alimentan generalmente de peces, aunque también comen crustáceos, moluscos, equinodermos, e incluso algunas especies cazan aves marinas.

Están representadas por trece géneros y dieciocho especies de las cuales cinco se encuentran en nuestro territorio.

Este último es el único que tiene un apostadero continental en nuestro territorio, mientras que el resto habita en islas atlánticas y en la Antártida. Salvo el elefante marino, que tiene un apostadero continental en la Argentina, el resto habita en el continente antártico e islas subantárticas.

Harén de elefante marino en las playas pedregosas de Península Valdés.

La temporada de cría del león marino austral comienza en noviembre. En el centro del grupo se ve al sultán rodeado de su harén y las crías que al nacer son negras. Junto al mar descansan elefantes marinos. Gaviotas cocineras y palomas antárticas buscan su comida.

Familia Otariidae

52 Lobo fino patagónico

Arctocephalus australis (Zimmermann, 1783)
Otros nombres: oso marino del sur, lobo marino de dos pelos, lobo peletero; uriñe (araucano); kaicush o lufkaia (yamana o yagán); kawelil o aahopin (shelknam u ona); leao marinho (portugués); southern fur seal (inglés).

Más pequeño, grácil y ágil que el león marino, también se diferencia de éste por poseer un hocico agudo y alargado. El macho luce una abundante melena y es notablemente más grande que la hembra. En noviembre, durante la época de reproducción, los machos arriban a las costas a defender un territorio. Esta especie prefiere los roquedales escarpados expuestos a los embates de las olas, antes que las playas. Poco después del arribo de los machos, llegan las hembras, que paren al poco tiempo la cría concebida en la temporada del año anterior. El número de hembras por macho generalmente es entre 10 y 20. Durante la temporada reproductiva, los machos no se alimentan y consumen las reservas de grasa que acumularon durante sus meses en el mar. El lobo de dos pelos es un hábil cazador de peces, krill, crustáceos y caracoles, que captura a profundidades de 50 metros, aunque puede llegar hasta los 180. Esta especie tiene una doble capa de pelo. Para que pudiera usarse en peletería, el inglés Thomas Chapman inventó un procedimiento que elimina de raíz la totalidad de pelos ásperos y largos que crecen mezclados con la borra de piel fina. Para los onas o selknan de Tierra del Fuego, los primeros lobos marinos se originaron en hombres, que en el curso de una gran inundación treparon a las rocas costeras para salvarse, y allí se transformaron en aves marinas y "lobos".

Durante el siglo XVIII y principios del XIX, tuvo una fuerte persecución para el aprovechamiento de su piel, lo que casi ocasiona su total exterminio. Entre 1882 y 1892 se capturaban unos 3.500 ejemplares por año. En 1923 se crearon las primeras leyes para su protección. En Uruguay se encuentra la mayor población de la especie. Allí hasta la última década del siglo XX se explotaba bajo control estricto.

Longitud: machos: 2 m; hembras: 1,4 m
Peso: machos: 160 kg; hembras: 50 kg
Gestación: 11 meses
Crías: 1

Colonias o apostaderos

Familia Otariidae

53 Lobo fino antártico

Arctocephalus gazella (Peters, 1875)
Otros nombres: oso marino, lobo marino de dos pelos antártico; antarctic fur seal (inglés).

Es muy similar al lobo marino de dos pelos, pero tiene tonos más grisáceos y los machos presentan a veces el cuello y el pecho gris plateado. Los harenes se conforman de la misma manera que en otros lobos marinos, pero tienen una particular demostración de agresión hacia aquellos individuos que arriban desde el mar y comienzan a establecerse en las colonias. La pose con la nariz levantada del macho es un despliegue de conducta que indica "estoy aquí y éste es mi territorio". La temporada de reproducción ocurre durante la primavera austral, de noviembre a enero. Las madres son muy cariñosas y las crías de color gris oscuro están a su cuidado durante un período de lactancia, que se prolonga por cuatro meses. A medida que las crías crecen, las madres los van dejando más tiempo solos y ellos se juntan en verdaderas guarderías para socializar y jugar. Como buen mamífero, en ellas entrenan conductas que le serán útiles cuando crezcan. La base de su dieta es el krill, aunque se los puede observar capturando los grandes cardúmenes de peces superficiales, junto a delfines y a las aves marinas; corren con frecuencia el peligro de caer en las redes de los barcos pesqueros y de morir ahogados. Ocasionalmente, los machos también capturan pingüinos.

A fines del siglo XVIII y principios del XIX, su demanda comercial originó el furor de la cacerías de "focas", en las islas subantárticas. En 1819 un solo barco mató 20.000 lobos durante el verano. Los tratados internacionales consiguieron detener la cacería. Hoy su población está en recuperación y se calcula en casi un millón de ejemplares.

Longitud: machos 2 m; hembras 1,3 m
Peso: machos 130-190 kg, hembras 35-50 Kg
Gestación: 11 meses
Crías: 1

Familia Otariidae

54 León marino austral

Otaria flavescens (Shaw, 1800)
Otros nombres: león marino, lobo marino del sur, lobo de un pelo, peluca (al macho); uriñe o lame (araucano); kaicush, lufkaia o ama-jeata (yámana); kawelil o aahopin (shelknan u ona); lobo chusco (Chile); southern sea lion (inglés).

El corpulento león marino es uno de los mamíferos más conocidos del país y ello se debe en parte a las clásicas esculturas de la rambla de Mar del Plata donde varias generaciones de argentinos posaron para fotografiarse. El macho o "sultán" es corpulento, con el cuello cubierto de una espesa melena y con el hocico ancho y redondeado. Las hembras son mucho más pequeñas y esbeltas. En noviembre comienza la temporada de cría y en este momento el macho lucha por defender su harén, que puede sumar hasta quince hembras, con las que se reproduce y convive durante casi dos meses. Durante este tiempo no puede entrar al agua para alimentarse ya que, atentos a un descuido, en la periferia de los harenes, grupos de machos jóvenes e inexpertos tratan de "robar" hembras. Los intrusos son perseguidos con rugidos y mordeduras. Desde diciembre a mediados de febrero nacen los cachorros que son de color negro, y poco después el macho sirve a la hembra. La hembra va luego al mar a alimentarse y en ese tiempo las crías se reúnen en grupos que no entran al mar. Al regreso la madre se reconoce con la cría por la voz y por el olfato. Observar el comportamiento de estos animales es una experiencia fascinante y posible, ya que hay colonias en sitios accesibles como las reservas de Península Valdés o el puerto de Mar del Plata donde buscan los restos de pescado.

● Desde la época de la colonia hasta el año 1960 fueron explotados para aprovechar su cuero y su grasa, que se hervía para obtener un aceite de tipo industrial. Testimonios materiales de esta industria pueden encontrarse ocasionalmente al lado de las colonias, como tachos y barriles. Con el tiempo se reconvirtió su uso al aprovechamiento turístico.

Longitud: macho 3 m; hembra 2,3 m
Peso: macho 300 kg; hembra 140 kg
Gestación: 11 meses
Crías: 1

Colonias o apostaderos

Familia Phocidae

55 Leopardo de mar

Hydrurga leptonyx (De Blainville, 1820)
Otros nombres: foca leopardo, leopardo marino; leopard seal (inglés).

Es la más grande de las focas antárticas. Tiene el cuello bien definido, la cabeza grande y alargada con la boca muy amplia y la mandíbula poderosa, todo lo cual le da un cierto aspecto de reptil. Su nombre se debe al color de la piel, de pelaje gris oscuro con manchas amarillentas y plateadas, y a su naturaleza de predador. Por lo general es solitaria y vive sobre el hielo marino y en playas pedregosas. Es la foca antártica de más amplia distribución. Frecuenta islas subantárticas, el archipiélago fueguino o las Malvinas, e incluso llega ocasionalmente a las costas de Buenos Aires y el Uruguay. Los cachorros nacen entre septiembre y noviembre sobre bandejones o islas. Tiene una dentadura fuerte con dientes de tres cúspides y largos caninos, que le permiten atrapar y desgarrar a sus presas. Se alimenta en la superficie y, aunque parte de su dieta es a base de krill, es un tenaz cazador que captura pingüinos, petreles e incluso otras especies de focas. Su agilidad le permite saltar fuera del agua y atrapar los pingüinos en sus propias colonias arrastrándolos hacia el mar donde los devora. También puede comer carroña. Cuando atrapa algún animal, lo sacude violentamente sobre el agua para desgarrar la piel y darla vuelta como un guante. Las aves, como petreles y gaviotas, se benefician de esta cacería ya que ingieren los trozos de carne que despide en sus sacudidas.

● Está protegida por el tratado antártico. Su población total se estima en unos 220.000 a 440.000 individuos.

Longitud: macho 3 m; hembra 3,5 m
Peso: 350-450 kg
Gestación: 12 meses
Crías: 1
Longevidad: 25 años

Ejemplares erráticos

Familia Phocidae

56 Foca de Weddell

Leptonychotes weddellii (Lesson, 1826)
Otros nombres: falso leopardo de mar; Weddell seal (inglés).

Es una foca de cuerpo rollizo, con el cuello poco definido y la cabeza pequeña. El hocico corto, con la comisura bucal semejando una sonrisa, le dan una apariencia muy simpática. Tiene un hermoso color gris pizarra oscuro moteado de blanco, que se vuelve gris plateado en el vientre. Frecuenta la zona costera y los hielos flotantes cercanos a la orilla. Durante el invierno desaparece de la superficie terrestre bajo las placas de hielo marino, ya que la temperatura del mar es más elevada que la exterior y abre agujeros para poder respirar, a los que mantiene para que no se cierren por efecto de la compresión del "pack" y el congelamiento. Para hacer los agujeros, roe y rompe el hielo con los incisivos y colmillos que están dirigidos hacia delante, y en la primavera emerge a través de los mismos agujeros. Es confiada y curiosa y no teme al hombre; cuando es molestada rueda sobre sí misma exponiendo el vientre. Tiene un amplio repertorio de gruñidos y gemidos. Las focas de Weddell son activas y veloces nadadoras y buceadoras. Llegan a sumergirse durante una hora y alcanzan profundidades de 600 m en busca de comida. Se alimentan principalmente de peces, pero también de cefalópodos, crustáceos y calamares. Las crías nacen entre agosto y noviembre. En diciembre los machos forman harenes y pelean por las hembras, con las que se aparean en el agua. La tripulación del Beagle la encontró en la desembocadura del río Santa Cruz, pero no es frecuente en el continente.

🟢 Se ha estimado su población en unos 700.000 individuos. Aunque en el pasado fue intensamente explotada, desde el año 1972 se encuentra protegida por tratados internacionales.

Longitud: 2,5-3 m
Peso: 400 kg
Gestación: 11 meses
Crías: 1
Lactancia: 1 mes y medio
Longevidad: 20-25 años

Ejemplares erráticos

Familia Phocidae

57 Foca cangrejera

Lobodon carcinophagus (Hombron y Jaquinot, 1842)
Otros nombres: foca carcinófaga, lobodón cangrejero, foca blanca; crabeater seal (inglés).

La cangrejera tiene una inconfundible silueta delgada y esbelta con el hocico prominente. El color del pelaje varía: gris plateado cuando está recién mudado y luego cambia a gris o pardo o crema. La mayor parte del tiempo, la foca cangrejera vive sobre el hielo, y es frecuente ver pequeños grupos a la deriva sobre los témpanos. No está tan adaptada como la foca de Weddell a la vida en el agua, pero en cambio se mueve con gran velocidad sobre el hielo ayudándose alternativamente con las aletas. Se alimenta fundamentalmente de krill, y por ello sus dientes tienen unas cúspides que forman como un peine que deja escurrir el agua y retiene los pequeños animales a los que captura nadando con la boca abierta entre los cardúmenes. Son monógamas. La parición es en primavera y para esta época la hembra acepta al macho que la acompaña por algunas semanas atacando a otros pretendientes. En esta época, macho y hembra pueden ser vistos entre los hielos con su cachorro. Las cicatrices que presentan los machos, generalmente localizadas en la cabeza, el cuello, las aletas anteriores y los hombros, son a causa de las luchas con otros machos o de ataques de predadores. Son presa de las orcas y del leopardo marino.

● Es la foca más abundante del continente antártico, con una población estimada en más de 15 millones de individuos. La desaparición del krill, por sobreexplotación pesquera, supondría una grave amenaza para esta especie, dada la alta dependencia de este eslabón de la cadena trófica.

Longitud: 2,5 m
Peso: 220-300 kg
Gestación: 10-11 meses
Crías: 1
Lactancia:1-2 meses
Longevidad: 30-36 años

Ejemplares erráticos

Familia Phocidae

58 Elefante marino austral

Mirounga leonina (Linnaeus, 1758)
Otros nombres: foca elefante; hashacuwa (yámana o yagan); southern elephant seal (inglés).

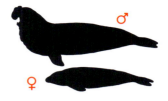

El enorme elefante marino es la foca más grande del mundo y el mayor mamífero argentino después de los grandes cetáceos. La diferencia de tamaño entre los sexos es notable; los machos pueden superar cuatro o cinco veces el peso de las hembras. Habita en aguas antárticas y subantárticas y cría en numerosas islas, pero la colonia de cría más conocida se encuentra en la Península Valdés. Allí todos los años durante el mes de julio los machos llegan a los apostaderos y ganan distintos sectores de playas de pendiente suave. En agosto llegan las hembras y los machos luchan por mantener su harén y su territorio, en formidables peleas. Se amenazan con rugidos y se yerguen balanceándose hacia atrás y chocando entre sí, al tiempo que se muerden en la cabeza y en el cuello produciéndose serias heridas hasta que uno de los contendientes se retira. Un macho dominante puede reunir un harén de hasta 150 hembras. Poco después de su arribo, las hembras paren la cría concebida el año anterior. Terminada la temporada reproductiva, los animales vuelven por un mes al mar a alimentarse y regresan a tierra para mudar la piel. Comen principalmente calamares y los buscan a profundidades de 700 metros y más. Su nombre se debe a la prominente nariz en forma de trompa del macho que se hincha insuflando bocanadas de aire, dando así un aspecto más feroz para atemorizar a sus adversarios. Esta trompa aumenta de tamaño durante el período de reproducción. Es atacado por orcas, focas leopardo o tiburones.

Su población mundial se calcula en 750.000 ejemplares. Hoy las colonias se encuentran protegidas y representan un atractivo turístico. Pero hasta 1920 se los mataba para utilizar su aceite y cuero. Las explotaciones comenzaron hacia 1775. A principios del siglo XX se lo llevó al borde de la extinción; desde entonces no ha vuelto a muchas de sus antiguas áreas de cría. La ultima factoría fue en Península Valdés.

Longitud: macho 5 m; hembra 2,8 m
Peso: macho 3000-4000 kg; hembra 500- 900 kg
Gestación: 11 meses
Crías: 1

Orden Cetacea

Los cetáceos son mamíferos totalmente adaptados para la vida en el mar. El cuerpo es alargado y tiene los miembros anteriores transformados en aletas que sirven como estabilizadores y para los cambios de dirección mientras que los posteriores no existen. Tienen en cambio una aleta caudal que se ubica de manera horizontal y sirve para propulsar al animal, pero esta aleta no tiene estructura ósea. La mayoría tiene, además, una aleta dorsal, que tampoco tiene huesos. Otra característica es que las vértebras cervicales están muy comprimidas y parcialmente fusionadas por lo que estos animales prácticamente no tienen cuello.

Los cetáceos son de los pocos mamíferos que no tienen pelos y para mantener la temperatura del cuerpo tienen una gruesa capa de grasa poco vascularizada debajo de la piel.

Otra particular adaptación a la vida acuática es la ubicación de los orificios respiratorios, espiráculos, que están en el extremo superior de la cabeza y se cierran con unas válvulas cuando el animal se sumerge. En muchas especies, cuando salen a la superficie, el vapor de agua de los pulmones se condensa con el frío exterior al ser exhalado y produce el conocido soplo.

Los cetáceos son de los animales más veloces del mar. Algunos delfines pueden alcanzar velocidades de hasta 30 kilómetros por hora. Por lo general tienen buena vista, pero el olfato está muy poco desarrollado. Utilizan sonidos para comunicarse, pero también para orientarse mediante la ecolocalización. Tienen largos períodos de gestación y casi siempre una sola cría. Las mamas de la madre están a ambos lados de la abertura genital y son internas. Para amamantar, al principio la hembra flota de costado, pero después de un tiempo, la cría puede mamar bajo el agua.

El orden tiene dos subórdenes: los Odontoceti (delfines), que son los cetáceos con dientes de los que hay cinco familias; y los Mysticeti (ballenas), que poseen barbas y se agrupan en tres familias.

Suborden Mysticeti

Familia Balaenopteridae

Cetáceos de gran tamaño, a veces, gigantes. Tienen barbas, que son láminas córneas ubicadas en la mandíbula y sirven como "colador" para filtrar el alimento del agua (zooplancton, crustáceos y pequeños peces). Tienen además profundos pliegues en la garganta y en el pecho, que permiten una gran dilatación para recibir el alimento. Dentro de esta familia se encuentran los rorcuales y la ballena jorobada. Los rorcuales tienen formas alargadas y son veloces nadadores, por lo que no fueron cazados masivamente por la industria ballenera hasta la época de los barcos con motor. Hay seis especies en el mundo y todas visitan mares argentinos. Una de ellas, la ballena azul, es el mayor de los rorcuales y el animal más grande que haya existido jamás en el planeta.

Ballena azul (Balaenoptera musculus)

Familia Balaenidae

Son animales menos estilizados que los Balaenopteridae y con las aletas pectorales más anchas. Salvo un caso, no tienen aleta dorsal. La mandíbula superior es angosta y muy arqueada. Las barbas son mucho más largas que en los rorcuales. Se alimentan principalmente de plancton. Son más lentos y apacibles que otras especies. Hay dos representantes en la Argentina y una de ellas, la ballena franca, ya es famosa en la Patagonia.

Ballena franca asomando el extremo de la trompa fuera del agua.

Suborden Odontoceti

Familia Ziphidae

Son cetáceos de tamaño mediano a grande (3 a 13 m), con un hocico más o menos definido. La aleta dorsal es mediana o pequeña y está situada en la mitad posterior del cuerpo. Las aletas pectorales son chicas y redondeadas. Por lo general tienen solamente uno o dos pares de dientes funcionales ubica-

Zifio (Ziphius cavirostris)

dos en la mandíbula inferior. En las hembras, estos dientes pueden faltar, pero en los machos a veces son muy grandes, sobresalen de la boca y son usados para peleas durante la estación reproductiva. Algunos son solitarios y otros se asocian en manadas. Por lo general, es una familia poco conocida con siete especies en el país.

Familia Physeteridae

Esta familia sólo comprende dos géneros y tres especies de aspecto bastante diferente. Tienen dientes solamente en la quijada, que es muy angosta. El más conocido es el cachalote, que es uno de los cetáceos más grandes. Las tres especies están citadas para nuestros mares.

Cachalote (Physter catodon)

Familia Delphinidae

Incluye a los delfines, orcas y calderones. Por lo general, son cetáceos pequeños con muchos dientes funcionales. La familia está muy diversificada con dieciocho géneros y cerca de sesenta especies. Son principalmente marinos, pero hay algunos que transitan los ríos y hasta lagunas, aunque no en nuestra región. Se comunican entre sí con una gran variedad de sonidos y son gregarios.

Tonina overa con su cría.

La tonina es uno de los cetáceos más famosos del mundo

Familia Phocoenidae

Son cetáceos pequeños (cerca de 1,5 m) que carecen de pico. Están distribuidas por casi todos los mares. En la Argentina existen dos especies: la marsopa espinosa y la marsopa de anteojos. Ambas especies son poco conocidas.

Marsopa espinosa (Phocoena spinipinnis)

Familia Platanistidae

Son cetáceos pequeños de 1 a 5 metros de largo y con el rostro muy largo que forma un pico estrecho. La dentición es primitiva con numerosos dientes puntiagudos. Habita generalmente en ríos y lagunas, desembocaduras de ríos en el mar y también en el mismo mar, cerca de las costas. Se encuentra entre las especies de cetáceos más amenazadas del mundo, ya que los ríos Yang-tzé, Amazonas o Ganges sufren serios problemas de contaminación y sobreexplotación pesquera. En la Argentina hay una sola especie.

Familia Balaenidae

59 Ballena franca austral

Eubalaena australis (Desmoulins, 1822)
Otros nombres: ballena del sur; baleia franca (portugués); southern right whale (inglés).

Todos los años, entre junio y agosto, unas 1.000 ballenas francas llegan a las costas de la Península Valdés, en la provincia del Chubut, para criar y aparearse, atrayendo a miles de turistas que buscan tomar contacto con estos animales. Este gran interés generó una industria ecoturística única y, aunque hay preocupación por las molestias que pueden generar las embarcaciones sobre este cetáceo, la ballena franca está brindando muchas más divisas que cuando era cazada por los balleneros. Esta especie habita el hemisferio sur, entre los paralelos 17 y 64. En invierno busca aguas tranquilas donde reproducirse y durante el verano viaja en busca del krill, que es su principal alimento, y llega ocasionalmente hasta la Península Antártica, pero se desconoce cuál es su trayecto migratorio. Los individuos pueden identificarse gracias a las callosidades que tienen en la cabeza, cuyas formas varían en cada ejemplar, cumpliendo para el investigador el rol de una huella digital. Estas callosidades son colonizadas por crustáceos ciámidos. Es un símbolo de la Patagonia. Debido a su delicada situación poblacional, la Argentina la ha declarado "Monumento Natural Nacional" en el año 1984.

Vulnerable. Debido a su natación lenta y a que flota después de arponeada y muerta, esta ballena fue cazada desde antes de la invención de los barcos de vapor. Su aceite era utilizado para la iluminación y la fabricación de jabón, mientras que las barbas se usaban para la fabricación de corsés y paraguas. Se calcula que de una población original de cerca de 100.000 animales, hoy sólo quedan unos 9.000. Su población está en lenta recuperación.

Longitud: 13-17 m
Peso: 30- 50 toneladas
Gestación: 12-14 meses
Crías: 1 cada 4 años
Permanecen con la madre durante 1 año.

Cola

Aleta

Áreas de cría

Familia Delphinidae

60 Tonina overa

Cephalorhynchus commersonii (Lacépède, 1804)
Otros nombres: delfín de Commerson, delfín blanco y negro, delfín blanco; Commerson's dolphin (inglés).

Es uno de los delfines más hermosos de la Argentina. Su diseño de colores blanco radiante y negro lo hacen inconfundible. Los sexos se diferencian por una mancha negra en la zona genital, que tiene forma de pera, en los machos y de herradura, en las hembras. Habita en aguas cercanas a la costa y penetra en bahías, estuarios, puertos y, a veces, en ríos. Forma grupos pequeños de hasta ocho o diez individuos, pero ocasionalmente se han avistado escuelas de más de 100 animales. Suele seguir a las lanchas y embarcaciones y, a veces, realiza saltos verticales o barrena con las olas. Muchas veces caza en forma cooperativa arreando sus presas contra la costa o en un semicírculo. Come principalmente peces, calamares y langostinos. La mayoría de los nacimientos son a comienzos del verano. Las crías son de color pardo grisáceo y adquieren el color de los adultos a los seis meses, pero permanecen con la madre durante un año. El botánico Philibert Commerson fue quien la observó por primera vez en 1787 y por eso la especie lleva su nombre. Se ha convertido en un atractivo turístico, especialmente en localidades como la Ría de Puerto Deseado (Santa Cruz) y Rawson (Chubut) donde su presencia ya es un símbolo de los avistajes de cetáceos de la Argentina.

● Preocupación menor. Suelen morir enmalladas en las redes de arrastre y de enmalle costeras. Ha sido víctima ocasional del tráfico para abastecer a oceanarios y comercializada ilegalmente en varias oportunidades. Cuenta con protección internacional.

Longitud: 1,30-1,50 m
Peso: 30-45 kg
Gestación: 12 meses
Crías: 1

Familia Delphinidae

61 Delfín piloto

Globicephala melas (Traill, 1809)
Otros nombres: calderón, ballena piloto, globicéfalo, delfín cabeza de olla; golfinho piloto (portugués); long-finned pilot whale (inglés).

Aunque no son muchas las personas que han visto a este delfín en alta mar, de vez en cuando la prensa lo publicita y sus fotos dan la vuelta al mundo. Es que este sociable animal que forma manadas de diez a cincuenta ejemplares y excepcionalmente hasta de quinientos, es una de las especies que con más frecuencia sufre varamientos en masa y muere en las playas. No se sabe con certeza cuál es la causa de estos varamientos. Quizá un problema climático o una enfermedad del sistema de ecolocación del guía conduce a todo el grupo contra las playas, en donde los pedidos de auxilio de los que se varan alientan al grupo a continuar acercándose. Uno de los mayores varamientos ocurrió en Chubut en 1991 donde murieron 433 animales. Las principales características que permiten diferenciar al delfín piloto son la cabeza redondeada y la forma de la aleta dorsal, que es ancha, curvada hacia atrás, y está situada muy adelante del cuerpo. A veces, los grupos de delfines piloto se asocian a otras especies, como delfines cruzados, ballenas minkes y cachalotes. Se alimenta de calamares y peces de tamaño mediano que captura de modo cooperativo, pero no utiliza los dientes para atrapar a las presas sino que las succiona. El nombre científico del género hace referencia a la forma en globo de su cabeza, mientras que el nombre específico *melas* significa "negro", es decir, "cabeza negra en globo".

● Insuficientemente conocida. Especie protegida, Apéndice II CITES. Por ser una especie con una compleja estructura social, es susceptible de sufrir captura incidental en redes agalleras y trampas. Sufre la captura intencional con arpones en las Islas Faroes en Dinamarca, donde esta actividad tiene la característica de una fiesta ritual.

Longitud: 3,8-6 m
Peso: 1000-3000 kg
Gestación: 14,5-16 meses
Crías: 1

Familia Delphinidae

62 Delfín oscuro

Lagenorhynchus obscurus (Gray, 1828)
Otros nombres: delfín de Fitz Roy; kemanta (selknan u ona); dusky dolphin (inglés).

Este vistoso delfín vive en aguas templadas y frías de ambientes costeros del hemisferio sur, tanto en América como en Nueva Zelanda, Australia, Sudáfrica y las islas Kerguelen. Es una de los delfines más comunes de la Patagonia donde se alimenta principalmente de anchoas. Allí, los desplazamientos del delfín están relacionados con los de su presa, que en primavera y verano se encuentra cerca de la costa y hacia fin del verano se dirige mar adentro hacia aguas más profundas. Forma pequeños grupos de cinco a quince ejemplares, pero en ocasiones forma asociaciones de hasta 300 que se organizan para cazar y arrean los cardúmenes de peces contra la superficie del agua. Esta situación atrae a gaviotas, petreles, cormoranes y tiburones que aprovechan el banquete. Además de anchoas, come merluzas, róbalos y calamares. Es altamente sociable y realiza saltos acrobáticos, posiblemente como una forma de comunicación. También barrena con las olas, sigue embarcaciones y se asocia con ballenas, lobos marinos, otros delfines y buzos. La orca es uno de sus predadores y, cuando estas aparecen, los delfines buscan refugio cerca de la costa. Durante la primavera y el verano, la Península de Valdés en la Argentina es uno de los mejores sitios para observarlos.

● En Chile y en Perú se cazan delfines oscuros para carnada y para vender su carne en el mercado como "muchame". Según algunas estimaciones, en Perú son muertos hasta 10.000 delfines al año. También suelen morir enmallados en redes de pesca y sufren problemas de contaminación de los mares.

Longitud: 1,60-2 m
Peso: 90-115 kg
Gestación: 11 meses
Crías: 1 (nacimientos en primavera- verano)

Familia Delphinidae

63 Orca

Orcinus orca (Linnaeus, 1758)
Otros nombres: ballena asesina; shamanaj (yámana o yaghán); kshamenk (selknan u ona); orca (portugués); killer whale, orca (inglés).

Sus estrategias de caza y el hecho de ser el mayor predador del mar, le han valido el apelativo poco feliz de "ballena asesina". En realidad, la orca es un delfín y no una ballena; por otra parte no es asesina sino cazadora o predadora, pero una predadora muy inteligente y eficaz que captura todo tipo de presas, desde grandes ballenas hasta rayas o calamares. Para conseguir su comida utiliza las técnicas más variadas. Así en la Antártida puede golpear los bandejones de hielo para tirar al agua a las focas o pingüinos, mientras que en las costas de la Península Valdés atrapa lobos o elefantes marinos que descansan junto al mar varándose con una ola en las playas y retrocediendo con la presa en la boca con otra ola, mediante la ayuda de movimientos laterales. Aproximadamente el treinta por ciento de estos varamientos de caza son exitosos. La orca forma grupos de entre tres y treinta individuos, aunque excepcionalmente pueden reunirse hasta cientos. El macho se distingue por su aleta dorsal mucho más alta, pero además es posible reconocer cada individuo por su aleta y el diseño de la "montura" blanca que tiene detrás. En los ejemplares en cautiverio es común que la aleta dorsal cuelgue hacia un costado, producto de su estado de ánimo y de la falta de ejercicio. Lo ideal es conocerla en estado silvestre, por ejemplo en la Reserva de Punta Norte de la Península Valdés.

● El ser una especie cosmopolita, no deja de lado que las poblaciones locales puedan sufrir algún problema. Es frecuente el uso de orcas en espectáculos recreativos de acuarios. Los espectadores ignoran la alta mortandad que estos cetáceos sufren en cautiverio. En la década de 1970, Canadá y Estados Unidos prohibieron todo tipo de capturas de orcas. En 2002, la Argentina sancionó la Ley de Orcas que la protege integralmente.

Longitud: machos 9,5 m; hembras 8 m
Peso: machos 8.000 kg; hembras 5.000 kg
Gestación: 15-16 meses
Crías: 1
Longevidad: 50-60 años

Familia Delphinidae

64 Tonina

Tursiops truncatus (Montagu, 1821)
Otros nombres: tursión, delfín nariz de botella, delfín mular; bufeo (portugués); bottle-nosed dolphin (inglés).

Esta especie se popularizó con la serie televisiva "Flipper", que a mediados de 1960 permitió que el público conociera más sobre la vida y la inteligencia de los cetáceos. Forma grupos de entre dos y veinte animales, pero en ocasiones se reúne en formaciones de cientos. Como sucede con otros animales con alto cociente intelectual, los grupos sociales son complejos, tienen diversos sonidos para comunicarse y la relación madre-hijo se prolonga por mucho tiempo; en este delfín al menos tres años durante los cuales se afianzan muchos aspectos del aprendizaje. Puede asociarse momentáneamente con otras especies de delfines, ballenas francas, lobos y elefantes marinos y también sigue a las embarcaciones. A veces se acerca y juega con bañistas y es notable el vínculo que puede establecerse entre el cuidador y los animales de oceanarios, donde es uno de los delfines más frecuentes. Se alimenta principalmente de peces y calamares, y utiliza sonidos y sistemas cooperativos para acorralar a sus presas. Son mucho más agresivos que lo que pueda imaginarse, haciendo que posibles predadores, como los tiburones, escapen ante su presencia. La orca es otro de sus predadores. En la Argentina, los nacimientos ocurren en primavera y verano. Hace más de veinte años era muy frecuente en todos los balnearios de la costa atlántica pero hoy es raro verla. También frecuenta islas, islotes, bancos poco profundos y a veces ingresa en el Río de la Plata e incluso ha entrado por el Río Uruguay hasta el norte de Entre Ríos.

● Es una especie que habita casi todos los mares cálidos y templados del mundo En algunos países se los caza como alimento. En ocasiones muere enmallada en redes de arrastre. Además, es víctima de la contaminación y es el cetáceo más capturado para oceanarios. En la Argentina han muerto más de cuarenta toninas en delfinarios itinerantes por mal manejo de cautiverio.

Longitud: 2-3,9 m
Peso: 150-300 kg. Hasta 600 en cautiverio
Gestación: 12-14 meses
Crías: 1 cada 4 años
Longevidad: 40-50 años

Silueta de la aleta dorsal

Ejemplares erráticos
○ Se la encontró en la costa norte de Tierra del Fuego

Familia Platanistidae

65 Delfín del Plata

Pontoporia blainvillei (Gervais y D'Orbigny, 1844)
Otros Nombres: franciscana, toninha (portugués);
la plata dolphin (inglés).

Es uno de los delfines más pequeños de la Argentina y es muy fácil de reconocer por su largo hocico, que posee más de 200 dientes. Aunque pertenece a una familia cuyos representantes son de agua dulce y habitan diferentes ríos del mundo, esta especie vive en el mar. Aunque ocasionalmente ingresa en el estuario del Río de la Plata, su distribución abarca las costas atlánticas desde el trópico de Capricornio hasta la Península de Valdés. Nada solo o en grupos de tres o cuatro individuos que salen a respirar a la superficie por escasos segundos. Como evita las embarcaciones, no realiza saltos acrobáticos, ni forma grandes grupos, es difícil de observar. Tiene muy desarrollado el sistema de ecolocación, lo que le permite nadar en aguas turbias y detectar allí a sus presas, que son diversos peces, calamares y camarones. Sus predadores naturales son los tiburones y las orcas. La mayoría de los nacimientos ocurren en noviembre y diciembre. El nombre de "Franciscana" hace alusión a su coloración semejante al hábito de los monjes franciscanos.

● Sufre una alta mortalidad por capturas accidentales en redes de enmalle (se calcula que en Buenos Aires cerca de 700 ejemplares mueren anualmente por este motivo), aunque a diferencia de otros delfines no sigue a los barcos pesqueros. También la contaminación parece afectarlo seriamente. No hay evaluaciones confiables pero puede ser el delfín más amenazado de América del sur.

Longitud: 1,30-1,75 m
Peso: 35- 45 kg (hembras mayores que los machos)
Gestación: 11 meses
Crías: 1 cada 1-2 años
Lactancia: 9 meses
Longevidad: 13-20 años

Orden Perissodactyla

Los perisodáctilos son mamíferos ungulados, es decir, animales que tienen el extremo de los dedos envueltos por pezuñas. La principal característica de este orden reside en que el eje de sus pies pasa por el centro del tercer dedo y en que al menos en las extremidades posteriores el número de dedos es impar. Su sistema dentario está compuesto de las cuatro clases. Tienen un estómago sencillo y un ciego muy grande. Los perisodácilos son herbívoros o folívoros y sus características anatómicas son tales que están preparados para andar y correr. A este orden pertenecen los caballos, las cebras y los burros (Familia Equidae), los rinocerontes (familia Rhinocerontidae) y los tapires (familia Tapiridae)

Familia Tapiridae (tapir)

Son animales grandes, de cuerpo macizo más alto en la grupa que en los hombros. El cuello es robusto con una crin corta y espesa sobre un promontorio de grasa interna. Tienen la nariz prolongada en forma de trompa corta que permite alcanzar hojas y brotes altos. La cola es tan sólo un muñón. Los pies presentan tres dedos, en tanto que las manos poseen cuatro: tres largos hacia adelante y uno pequeño hacia atrás. Los ojos son pequeños. La piel de los tapires es muy dura. Existen cuatro especies en el mundo, tres de ellas en América y una en Asia.

Huella de tapir

El tapir es una apreciada fuente de proteínas, tanto para los grandes felinos como para el hombre.

Familia Tapiridae

66 Tapir

Tapirus terrestris (Linnaeus, 1758)
Otros nombres: anta, danta, gran bestia; boreví o mboreví (guaraní); sacha huagra (quichua); sacha vaca (noroeste); pinacho (Salta); capucica (portugués); south american tapir (inglés).

Es el mamífero terrestre más grande de América del Sur. Tiene un cuerpo compacto y musculoso, preparado para arremeter entre la vegetación densa de bosques espinosos o selvas cerradas. El pelo es corto y de color pardo más claro en la cabeza y con rebordes blancos en el extremo de las orejas. El labio superior está alargado en una "trompa" curva y móvil, útil para el ramoneo. Se alimenta de hojas, frutas y brotes. En ambientes chaqueños come los carnosos tallos y frutos de cactus. Generalmente solitario y silencioso para comunicarse con otros individuos, emite diversos tipos de silbidos. Tiene predilección por los cursos de agua donde pasa largo tiempo. En Misiones busca los barreros, que son los sitios donde afloran sales, y lame la tierra para nutrirse de este elemento. Las crías nacen con un pelaje rayado que les permite mimetizarse entre la vegetación. Su vista es pobre, pero con su excelente olfato y oído detecta al yaguareté o al puma, de los que muchas veces logra escapar gracias al grueso cuero y a su carrera entre montes y selvas. Su carne y su cuero eran muy apreciados por los nativos y por los primeros colonos al punto de recibir en todo el Noroeste Argentino el nombre de sacha vaca, es decir, "vaca del monte". "Anta" es una adulteración del termino árabe *lambt*, con que en ese idioma se llama a los cueros curtidos de gran espesor y resistencia.

Vulnerable. Requiere mucho espacio en las selvas y montes donde vive; generalmente son ambientes degradados. El ser codiciado por su carne y su cuero también lo coloca bajo presión. Es monumento natural de las provincias de Jujuy, Salta y Misiones.

Cabeza y cuerpo: 18-25 cm
Alzada: 80 a 115 cm
Peso: 200-310 Kg
Gestación: 13 a 14 meses
Crías: 1 cada 2 años
Longevidad: 35 años

Anterior

Posterior

Orden Artiodactyla

Son mamíferos ungulados que tienen el eje de las extremidades entre los dedos tercero y cuarto. Casi todos ellos tienen dos o cuatro dedos en cada extremidad. Otro carácter del orden es la ausencia de clavícula y la atrofia de los huesos cubito y peroné. Aunque hay algunos omnívoros, todos ellos se alimentan de vegetales. Ciervos, hipopótamos, cerdos, jirafas, vacas y muchos otros animales pertenecen a este orden de animales con pezuñas de número par que forman un total de nueve familias. En la Argentina están presentes las familias Tayassuidae (pecaríes), Camelidae (vicuñas y guanacos) y cervidae (ciervos). A este mismo orden pertenecen muchos animales introducidos como el jabalí europeo, el antílope negro de la India, el búfalo asiático, el ciervo colorado, el dama y otros.

Familia Tayassuidae (pecaríes o chanchos de monte)

Los representantes de esta familia son exclusivamente americanos. Están emparentados con los cerdos, pero se diferencian entre otras cosas por la falta de cola y por tener una glándula en la parte posterior de la grupa que segrega una sustancia con un intenso olor almizclado. Las hembras tienen un sólo par de mamas, aspecto en el que también difieren de los cerdos. Aunque no tienen los caninos tan desarrollado como en el jabalí, éstos son afilados y sirven como defensa. Son gregarios y de hábitos crepusculares. La comunicación vocal mediante gruñidos y el castañeteo de los colmillos permite que los miembros del grupo se mantengan en contacto en forma permanente. Aunque son omnívoros, la mayor parte de su dieta es de origen vegetal. Existen tres especies: el pecarí de collar (Pecari *tajacu*), el pecarí labiado (*Tayassu pecari*) y el chancho quimilero (*Catagonus wagneri*). En el año 1975, esta última especie que la ciencia sólo conocía por materiales fósiles, pero que los pobladores locales conocían bien, fue encontrada viviendo en el Chaco paraguayo. Posteriormente también se la descubrió en los ambientes áridos del Chaco de la Argentina.

Familia Camelidae (guanacos, vicuñas, llamas y alpacas)

De los distintos representantes de nuestra fauna, los camélidos silvestres son los campeones de la adaptación. El pelo tupido y lanoso les permite soportar temperaturas de hasta 30 grados bajo cero, pero también pueden vivir en desiertos en donde el termómetro sube hasta los 50 grados. Sus ojos protegidos de largas pestañas y sus orejas retráctiles les permiten resistir las tormentas de nieve o de arena. Tienen un largo cuello para otear el peligro a gran distancia y orejas muy móviles que cambian de posición para captar el menor sonido circundante. Las patas largas les aseguran la capacidad de realizar largas caminatas en busca de alimento o una increíble velocidad en la huida.

Una particularidad de la familia es la de tener el labio superior dividido en dos mitades. La abertura que los separa forma una "Y" con la abertu-

Los camelidos tienen almohadillas que no dañan la vegetación.

Vicuñas en el Parque Nacional San Guillermo.

ra de la nariz. Son herbívoros rumiantes y tienen el estómago dividido en tres cámaras por donde pasa el alimento para volver a la boca, donde se mastica hasta la digestión definitiva. Algo que distingue a los camélidos del resto de los rumiantes es la falta de cuernos. Otra peculiar característica es la de sus glóbulos rojos, que tienen forma elíptica en vez de ser circulares como en todos los mamíferos. Los camélidos tienen sólo dos dedos en cada pie. Además, a diferencia de otros artiodáctilos que al caminar apoyan sólo la punta de los dedos, los camélidos tienen detrás de las pezuñas una especie de almohadilla o suela callosa que se apoya de plano en el suelo. Probablemente esto sea una adaptación a las zonas desérticas donde habitan, pero también colabora en "apelmazar" los pastos sin cortar las raíces ni deteriorar el delicado suelo de estos ambientes.

La familia de los camélidos, que tuvo su origen en América del norte, comprende al camello y al dromedario, que viven en el viejo mundo, y a cuatro especies exclusivas de América del sur. De éstas, dos son domésticas: la llama y la alpaca; y dos silvestres: la vicuña y el guanaco. Las cuatro se encuentran en la Argentina.

Su relación con las comunidades originarias y con las distintas poblaciones rurales de la Argentina es muy importante, ya que históricamente se utilizó su carne, su lana y su leche o se la aprovechó para el transporte. El autor salteño Juan Carlos Dávalos revela este valor cultural en la poesía "Coquena" de la que presentamos un fragmento:

> *Cazando vicuñas anduve en los cerros,*
> *Heridas de bala se escaparon dos.*
> *¡No caces vicuñas con armas de fuego!*
> *Coquena se enoja me dijo un pastor.*
> *¿Por que no pillarlas a la usanza vieja*
> *cercando la hollada con hilo punzó?*
> *¿Para que matarlas si sólo codicias*
> *para tus vestidos el fino vellón ?....*
> *No caces vicuñas con armas de fuego.*
> *Coquena se venga, te lo digo yo...*

Familia Cervidae (ciervos y corzuelas)

La familia comprende unas 53 especies agrupadas en 17 géneros, distribuidos en Asia, Europa y América. Varían en tamaño, desde el alce, que puede alcanzar 2,35 metros de altura en la cruz, hasta el pudú que no sobrepasa los 25 cm. Los ciervos son animales de cuerpos flexibles y compactos, con patas largas y fuertes adaptadas a moverse por terrenos boscosos o rocosos y accidentados. También son excelentes nadadores. Los dientes de la mandíbula inferior tienen crestas de esmalte elevadas que les permiten triturar una gran variedad de vegetación. Son rumiantes y tienen estómagos de cuatro cámaras, en donde se digiere el alimento. Casi todos los ciervos tienen una glándula facial cerca del ojo que contiene una esencia fuerte, empleada para marcar el territorio. Los machos de muchas especies segregan esta sustancia cuando están irritados o excitados por la presencia de otros machos. En la mayoría de los casos, los machos presentan en el cráneo astas simples o complejas. A diferencia de los cuernos permanentes de los antílopes, las cabras o las vacas que son de hueso y están revestidos de un estuche córneo, las astas de los ciervos caen y se renuevan cada año. En algunas especies como en el ciervo colorado, que fue introducido en Argentina, o el ciervo de los pantanos los animales desarrollan nuevas puntas con la edad. En otras especies como el pudú o las corzuelas sólo se desarrolla una punta.

Raspada de astas de huemul en un guindo.

En la Argentina encontramos ocho especies autóctonas: El venado de las pampas, el huemul, la taruca, el ciervo de los pantanos, el pudú, la corzuela enana, la corzuela roja y la corzuela parda. Pero además existen ciervos exóticos como el dama, el axis o chital, el colorado. En Tierra del Fuego se introdujeron renos pero el intento no tuvo éxito, pero existe una población de esta especie introducida en las Georgias.

Cría del venado de las Pampas.

A la hembra del venado se la llama "gama".

Familia Tayassuidae

67 Pecarí de collar

Pecari tajacu (Linnaeus, 1758)
Otros nombres: morito, rosillo, chancho moro, tateto; taitetú, curé-í (guaraní); cuchi (quechua); porco do matto (portugués); collared peccary (inglés).

De las tres especies de pecaríes, ésta es la más pequeña. Es también la de mayor distribución geográfica y esto se debe a su notable adaptabilidad ya que vive tanto en selvas tropicales como en desiertos. Se extiende desde Arizona y Texas en América del norte hasta el centro de la Argentina. Es muy sociable y forma piaras, compuestas normalmente por seis a doce individuos, pero puede formar grupos de hasta cincuenta, que logran intimidar al yaguareté o al puma. Los grupos delimitan su territorio mediante la glándula dorsal, la orina, el excremento y las marcas de dientes en los troncos. El olor de la glándula sirve también para mantener la cohesión del grupo y los animales suelen colocarse con los cuerpos unidos y restregarse los cuartos traseros. Es omnívoro, pero come principalmente vegetales. Las crías nacen con un pelaje listado. La caza de este animal es tradicional en toda la región chaqueña donde su carne es muy apreciada y su cuero muy requerido en talabartería. En Misiones con la piel lonjeada se elaboran cuerdas "bordonas" para las arpas conocidas como "arpas indias". Según la mitología guaraní, Caá- porá es un dios protector de la fauna, que utiliza como cabalgadura a un pecarí. En caso de que el cazador se exceda matando más de lo que necesita, es castigado por el dios, que lo deja en un estado de permanente idiotez.

Vulnerable. Se lo caza intensamente debido al valor de su cuero y para consumir su carne. También se considera un trofeo deportivo. En la Argentina, su área de distribución está retrocediendo. Hasta el siglo XVIII llegaba hasta Balcarce. Hoy desapareció de Entre Ríos y Corrientes y es cada vez más escaso en Cuyo y el centro del país.

Cabeza y cuerpo: 90 cm
Cola: 2,5 cm
Alzada: 50 cm
Peso: 19-30 kg
Gestación: 4 meses
Número de crías: 1-2 a veces 3 o 4

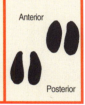

Familia Tayassuidae

68 Pecarí labiado

Tayassu pecari (Link, 1795)
Otros nombres: majano, maján; tayasú eté (guaraní); porco do mato grande (portugués); white lipped peccary (inglés).

De mayor tamaño que el pecarí de collar, se diferencia por su color oscuro, la falta de collar blanco y por el notorio barbijo de pelos blancos que bordean el hocico y que le ha dado el nombre de "labiado". Es muy gregario y forma grupos más numerosos que el pecarí de collar, a veces de 250 animales. Estos grupos son nómades y realizan largos desplazamientos para encontrar sitios con buena oferta de comida. En sus recorridas, el grupo escarba el suelo y remueve la vegetación y los troncos para buscar frutos, semillas, gusanos, insectos y hasta pequeños vertebrados. Como los otros chanchos de monte, cuando está irritado amenaza haciendo castañar los dientes. De acuerdo con algunas referencias, más de un tigre ha pagado con la muerte la osadía de atacar a un miembro rezagado del grupo. Utilizan cuevas como refugio en lugares de vegetación intrincada. Las crías son de un color pardo con estrías más oscuras.

Vulnerable. En la Argentina es cada vez más escaso. Se lo caza por el valor de su carne y de su cuero. A veces se mata una gran parte de los animales de la piara. Además, se está destruyendo su hábitat. No se garantiza su conservación en los parques nacionales, pues puede salir de los límites en sus desplazamientos.

Cabeza y cuerpo: 90-130 cm
Cola: 2,5 cm
Alzada: 60 cm
Peso: 20- 45 kg
Gestación: 160 días
Crías: 1-2 a veces 3-4
Longevidad: 21 años en cautiverio

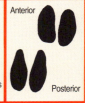

Anterior
Posterior

Familia Camelidae

69 Llama

Lama glama (Linnaeus, 1758)
Otros nombres: chilihueque (Chile); urcoi (macho), koe (hembra) (Perú).

La misma utilidad e importancia cultural que tienen los camellos para los pueblos de Arabia y África lo tiene la llama para las culturas originarias de los andes sudamericanos. Domesticada desde los tiempos precolombinos, 4.000 años antes de Cristo ya era una especie útil al hombre. En realidad, la llama no existe más que como animal doméstico y actualmente su dispersión geográfica está vinculada con los sitios en donde el hombre la utiliza y la cría, aunque también pueden encontrarse ejemplares en estado cimarrón. Como sucede con muchos animales domésticos existe una gran variación de colores. Uno de los más frecuentes es un castaño rojizo uniforme, pero hay animales negros, blancos, grises y manchados. No tiene los colores del guanaco, del que se diferencia además porque tiene las patas más cortas y el extremo de las orejas curvado hacia adentro. Puede reproducirse con el resto de los camélidos, sin mayores problemas genéticos: al híbrido entre un macho de llama y una hembra de alpaca, se lo llama "huarizo", mientras que al de una hembra de llama y un macho de alpaca, "misti". La llama puede cargar sin esfuerzo entre 25 y 30 kg y recorrer entre 15 y 20 km por día a una velocidad de 2 km por hora. De sus 30 a 35 años de vida sólo 5 puede funcionar como "carguera". En algunas zonas turísticas de la Argentina es común verla como mascota atractiva para las tomas fotográficas. Su carne es muy apreciada en platos típicos de Bolivia y Perú.

Si bien la situación de este animal no es crítica, la falta de interés en los servicios que presta la ha llevado a una situación preocupante como especie doméstica en nuestro país. Ha sido reemplazada por el burro como animal de carga, por la mula en su resistencia ambiental y por la oveja para el uso de su carne y su lana. En Córdoba, San Juan, La Rioja y Tucumán, donde fue llevada por el hombre, existe alguna legislación en torno a su protección como especie doméstica.

Cabeza y cuerpo: 102-120 cm
Cola: 15-23 cm
Alzada: 100-120 cm
Peso: 70-140 kg

Familia Camelidae

70 Guanaco

Lama guanicoe (Müller, 1776)
Otros nombres: guayro (La Rioja); teke (noroeste) huanaco (quechua); pichua o luán (araucano); kmau o nau (tehuelche); amura (yagán) yowen o mari (selknan u ona); talca (Chile); guanaco (inglés).

Es el mamífero más alto de nuestra fauna y uno de los mejor adaptados a diferentes ambientes ya que habita tanto en alturas superiores a los 4.000 metros como en los bosques de Tierra del Fuego. Hasta tiempos recientes vivía también en gran parte del bosque chaqueño y el pastizal pampeano, pero hoy ha sido eliminado de estos ambientes y sólo subsiste en la Sierra de la Ventana y en el noroeste de Córdoba. En la Patagonia, sobre todo en Santa Cruz, aún se encuentran durante el invierno manadas no territoriales de varios cientos de animales. Durante la temporada reproductiva vive en tropillas formadas por un macho adulto "el relincho", de un promedio de 6 y a veces hasta 20 hembras y varias crías o"chulengos". También forma grupos de machos no reproductivos. Se alimenta de pastos duros, que corta con sus poderosos dientes dejando en tierra las raíces que permiten el rebrote y evitan la voladura de suelos por efectos del viento. Las pinturas rupestres de la Patagonia dan testimonio de la importancia que este animal tenía para los tehuelches y los selknam, cuya carne y cuero lo convertían en un elemento insustituible de sus culturas. Las pieles de los chulengos son todavía muy apreciadas. Cuando se irrita, muerde, patea y como defensa escupe la hierba masticada, por esto a aquellas personas con malos modales se las llama "guanaco"

● Vulnerable. En el pasado, en la provincia de Magallanes en Chile, su población se calculaba en más de un millón. En la Argentina sólo habitan 500.000 ejemplares de los cuales 400.000 estarían en la Patagonia. En la actualidad tanto el INTA (Instituto Nacional de Tecnología Agropecuaria) como los particulares están desarollando estudios para explotar su lana y su carne de manera sustentable.

Cabeza y cuerpo: 120-185 cm
Alzada: 100-120 cm
Peso: 50 -100 kg
Gestación: 11 meses
Crías: 1

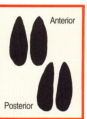

Familia Camelidae

71 Alpaca

Lama pacos (Linnaeus, 1758)
Otros nombres: pacocha (Salta); paco o paca (Perú); alpaca (inglés).

Es muy similar a la llama, pero más pequeña, de cuello más largo y cabeza corta. El pelaje es más largo, a veces de un modo extremo. Los pueblos andinos la llamaban *paco* que quiere decir "rojizo" o "chocolate", ya que su lana es muchas veces de este color. Cuando los españoles introdujeron la oveja, el nombre de *paca* se extendió a estos animales. Para diferenciarlos, los quechuas usaron la voz *allpa paca*, que significa "paca de la tierra" y que luego se contrajo a "alpaca". Como contraparte, los cronistas que llegaron a América y descubrieron el valor económico de este animal lo llamaron "oveja de la tierra". A diferencia de la llama no se la emplea como animal de carga por su carácter más agresivo. Los reyes incas preferían su carne por su sabor, dejando para el pueblo la de la llama. La lana de este animal también es muy apreciada. Se distinguen dos tipos, que derivan de dos razas diferentes: la "anaska" y la "cumbi", que es la más fina. Las principales poblaciones de Alpaca están en Bolivia y Perú. En la Argentina hay algunos rebaños introducidos. Se ha intentado varias veces aclimatar la alpaca en otros países como Escocia o Australia, pero los intentos por criarlos fuera de su región se han malogrado. En su patria de origen es muy rentable ya que se la mantiene todo el año en la altiplanicie y sólo se la encierra en la época de esquila. Los tejedores más hábiles que producen las mantas más finas se encuentran al borde del Lago Titicaca en Bolivia.

● Especie peri-doméstica sin problemas de conservación. Fue domesticada en tiempos preincaicos. Los Intentos modernos de uso comercial en Argentina se remontan a 1904, cuando el Ministerio de Agricultura proyectó un criadero en Rosario de la Frontera y el envío de alpacas al Jardín Zoológico de Buenos Aires para su posterior aclimatación en la Patagonia o en los turbales de Tierra del Fuego. El proyecto nunca se realizó. (Sin mapa de distribución)

Cabeza y cuerpo: 150-180 cm
Alzada: 90 cm
Peso: 50-70 kg
Gestación: 11 meses
Crías: 1-2

Familia Camelidae

72 Vicuña

Vicugna vicugna (Molina, 1782)
Otros nombres: huiccuna, "huic" una (quechua); sayrakha saala, wari sairaka, huari (aymará); vicuña (inglés).

Es el más pequeño y delicado representante de la familia de los camellos. Habita las estepas de altura ubicadas por encima de los 3.000 metros sobre el nivel del mar, superando en ocasiones los 5.000 metros, lo que demuestra su admirable adaptación a este ambiente hostil, árido y frío. Sedentaria, forma pequeños grupos de hembras conducidas por un macho que utilizan un territorio de unas 30 hectáreas. Los machos jóvenes sin hembras se reúnen en grupos de hasta 100 animales. Se alimenta de los duros pastos y arbustos de la Puna, por esto los incisivos de la mandíbula inferior crecen constantemente para suplir el desgaste. Sus predadores naturales son el puma y el zorro colorado, que ataca a las crías. La fibra de vicuña es una de las más finas del mundo y junto con el oro, eran los elementos más preciados durante la época incaica. Con ella se fabricaban tejidos de altísima calidad que sólo usaba la familia real. Para obtenerla, cada cuatro o cinco años practicaban la "ceremonia del Chacu" donde la comunidad participaba en el encierro, la esquila de los animales y el sacrificio de los machos. Los kollas, los huarpes y otros pueblos andinos invocaban a *Coquena*, divinidad encargada de su protección, que castigaba a aquel que cazaba más de lo necesario. A partir de la conquista española, la caza descontrolada redujo sus poblaciones a niveles alarmantes. Aún se fabrican ponchos, mantas y otras prendas de excelente calidad que cada vez resultan más escasos ante la pérdida, no sólo de la materia prima, sino también del oficio del tejedor artesanal.

● En peligro. Con el objetivo de obtener su lana es intensamente perseguida. En el norte su cuero se canjea por coca y alimentos. La población actual de la Argentina se calcula en 30.000 animales. En el Parque Nacional San Guillermo, en San Juan, hay unos 7.000 ejemplares. En el INTA de Abra Pampa se cría en semicautiverio.

Cabeza y cuerpo: 160 cm
Alzada: 75-90 cm
Peso: 40-50 kg
Gestación: 330-350 días
Lactancia: 6-10 meses
Crías: 1

Familia Cervidae

73 Ciervo de los pantanos

Blastocerus dichotomus (Illiger, 1815)
Otros nombres: ciervo del delta, guazú-pucú (guaraní); epelve (mocoví); calimgo (toba); huasé (mataco); veado galheiro grande (portugués); marsh deer (inglés).

Es el mayor de los ciervos sudamericanos. Las grandes astas de los machos presentan habitualmente de ocho a diez puntas. En ejemplares viejos suelen subdividirse hasta sumar más de 24. La cornamenta cae cada año y el joven ejemplar de la foto aún luce la felpa de sus cuernos en crecimiento. Es un típico habitante de esteros y pajonales de inundación, que también usa los bosques para refugio. Está bien adaptado a estos ambientes y sus largas patas negras terminan en grandes pezuñas que se abren notablemente cuando el animal pisa en suelos blandos, para darle mayor superficie de sustentación. Es además un buen nadador y cruza con frecuencia riachos o lagunas. Las crías nacen principalmente en primavera. En el momento de nacer, su pelaje es apenas manchado, pero esta librea se pierde rápidamente para dar paso al hermoso color bayo rojizo de los ejemplares adultos. Por lo general, se encuentra solitario o en pareja, pero también forma pequeños grupos. Es sumamente confiado, se aproxima a los jinetes a caballo y acostumbra a acercarse a poblados y casas. A esta costumbre se refiere el escritor Marcos Sastre cuando dice: *"No deja de visitar la morada de su fatal enemigo, durante las horas seguras de la noche, como si quisiera dejarnos estampados en su huellas el reproche de rehusarle habitar, bajo nuestro amparo, los asilos pacíficos de estos jardines de la naturaleza"*.

● En peligro. Monumento Natural en Corrientes, Chaco y Buenos Aires. Protegido en la Reserva Provincial Iberá, en Corrientes, refugio de las mayores poblaciones. El Delta del Paraná posee la segunda población de importancia del país. En Buenos Aires sólo está protegido en la Reserva Natural Otamendi, donde es ocasional. Problemas: La caza "deportiva" y de subsistencia, los perros, las enfermedades del ganado y la destrucción de su ambiente.

Cabeza y cuerpo: 180-200 cm
Cola: 10-15 cm
Alzada: 1,10-1,20 m
Peso: 90-150 kg
Longitud de las astas: 55-65 cm
Gestación: 9 meses
Crías: 1

Familia Cervidae

74 Huemul

Hippocamelus bisulcus (Molina, 1782)
Otros nombres: ciervo andino, trula, hueque, ciervo mula; shoan, shonen (tehuelche), guemul, gamul (araucano); south andean deer, huemul (inglés).

Como buen animal de montaña, el huemul es corpulento y compacto, con un pelaje denso y grueso y patas de pezuñas cortas para afirmarse en las rocas. La cornamenta de los machos generalmente tiene dos puntas que se bifurcan cerca de la base. Debido a sus largas orejas, el Abate Molina, quien se basó en las referencias de unos marinos ingleses que habían visto una hembra, lo describió como un equino con doble pezuña y lo llamó *Equus bisulcus*. Luego se lo encontró parecido a una llama y por ello el nombre de *Hippocamelus* (caballo-camello). Habitante de los ambientes cordilleranos, tiene preferencia por espacios escarpados de matorrales en los faldeos montañosos, pero en invierno, con las fuertes nevadas, baja a los valles o se refugia en los bosques. El celo ocurre desde el fin del verano cuando los machos galantean a las hembras y miden sus fuerzas a topetazos. En invierno voltean las astas y las crías nacen en primavera. Ante la presencia del hombre muchas veces permanece inmóvil y hay referencias de que podía matarse incluso con un golpe de cuchillo. Fue un elemento fundamental para las comunidades tehuelches y mapuches. Así lo atestiguan las astas y los huesos que aparecen en yacimientos arqueológicos y en distintos enterratorios. El naturalista Andrés Giai, allá por 1940, nos decía: *"El fantasma de la Patagonia, se esta confundiendo con el recuerdo de las cosas que se fueron"*. Esperemos que su predicción no sea una realidad.

Amenazado. Monumento Natural Nacional. Hasta el siglo XIX se encontraba en toda la cordillera e incluso en la estepa patagónica. Hoy sobrevive principalmente en los parques nacionales. Problemas: caza furtiva, muerte por perros, enfermedades del ganado e introducción de especies exóticas como el ciervo colorado. La Argentina y Chile realizan, desde 1998, reuniones binacionales de técnicos para garantizar su conservación.

Cabeza y cuerpo: 150-165 cm
Alzada: 80-100 cm
Peso: 65-100 kg
Gestación: 6-7 meses
Crías: 1

Anterior
Posterior

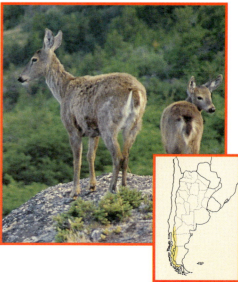

Familia Cervidae

75 Corzuela parda

Mazama gouazoubira (Fischer, 1814)
Otros nombres: guazuncho, venado pardo, cabra del monte, sacha cabra, viracho; guazú birá (guaraní); veado virá, veado catingeiro, veado fantasma, veado plomo (portugués); brown brocket deer (inglés).

Es el más abundante de nuestros ciervos. Su pelaje varía de bayo parduzco a grisáceo, según las regiones donde podamos verla, pero nunca es rojiza, lo que la distingue de las otras dos corzuelas. Con frecuencia se la encuentra pastando al costado de los caminos o en zonas abiertas, aunque para huir siempre busca la vegetación cerrada o los ambientes acuáticos. Vive en una gran variedad de hábitats, desde selvas subtropicales hasta el espinal entrerriano y se adapta bien a los ambientes modificados e incluso periurbanos que le impone el hombre. Su actividad es crepuscular. Al mediodía se refugia en el monte y durante la noche permanece echada. Los machos marcan un territorio defecando en distintos sitios, frotando sus astas y sus glándulas olorosas que tienen delante de los ojos en pequeños árboles o en arbustos. A diferencia de otros ciervos no forma harenes. El cuero de este ciervo es muy fuerte y se utiliza para realizar lazos y asientos muy resistentes. Es creencia generalizada en el campo que el olor de su cuero ahuyenta a las víboras venenosas, por lo que es utilizado como alfombra al pie de la cama o a la entrada de la casa con ese fin.

No presenta problemas de conservación a pesar de ser intensamente cazada por su carne y su cuero en todo el territorio. Localmente puede tener algún tipo de disminución poblacional, pero su alta tasa de natalidad le permite soportar la presión humana, siempre y cuando subsistan ambientes naturales.

Cabeza y cuerpo: 85-125 cm
Alzada: 35-61 cm
Longitud de las astas: 8-13 cm
Peso: 11-25 kg
Gestación: 6 meses
Crías: 1

Anterior

Posterior

Familia Cervidae

76 Corzuela enana

Mazama nana (Hensel, 1872)
Otros nombres: poca, pororoca; mbororó, pororó (guaraní); mao curta, veado pequenho (portugués); little red brocket deer, dwarf brocket (inglés).

Es la corzuela más pequeña y de distribución más restringida. En la Argentina sólo se la encuentra en la provincia de Misiones, donde, aunque es abundante, no resulta fácil de ver. Se distingue de las otras corzuelas por su tamaño menor, aspecto más grácil y por su mancha facial oscura, a veces hasta negra. Prefiere la densa vegetación del sotobosque de cañas y frecuenta las capueras, que son sectores desmontados y colonizados por las plantas pioneras. Está activa tanto de día como de noche. Si bien descansa durante las horas de mayor calor, el acoso de los tábanos y otros insectos pueden expulsarla de su enmarañado refugio. Se alimenta de hojas tiernas y brotes. A diferencia de otros animales que, ante una amenaza utilizan el agua como refugio, al ser perseguida, prefiere dar rodeos alrededor de la selva. El nombre de "pororó" proviene de los bufidos que produce, semejantes al ruido que hace el maíz inflado cuando se abre. Entre los variados predadores que tiene la corzuela en la selva, hay referencias que cuentan que el hurón mayor puede perseguirla por horas y que comienza a devorarla estando aún viva. Es una de las presas más perseguidas de la selva misionera para formar parte de almuerzos, preparada asada o en suculentos locros.

Vulnerable. Problemas: la destrucción de la selva y la presión de la caza de subsistencia.

Cabeza y cuerpo: 87-100 cm
Alzada: 45 cm
Longitud de las astas: 8 cm
Peso: 8-15 kg
Gestación: 6 meses
Crías: 1

Familia Cervidae

77 Venado de las pampas

Ozotoceros bezoarticus (Linnaeus, 1758)
Otros nombres: ciervo de las pampas, gamo, venado para el macho, gama para la hembra; yoam shezee (puelche); guazú ti (guaraní); veado campeiro, veado branco (portugués); pampas deer (inglés).

El esbelto y ágil venado es uno de los más fuertes símbolos de las extensas pampas que perdimos. Ya no existen las manadas de cientos de animales que poblaban el pastizal y hoy podemos encontrarlo, solitario o en grupos de tres o cuatro individuos, en escasísimos reductos. Exclusivo habitante de espacios abiertos, sólo usa bosquecillos en busca de sombra. El macho, que posee cornamenta, tiene en las patas unas glándulas que despiden una secreción con fuerte olor a ajo, que se hace más intensa a fines del verano, durante el celo, cuando puede percibirse hasta a un kilómetro de distancia. Las crías nacen desde fines del invierno y se ocultan entre los pastos gracias al manchado del pelaje que mantienen hasta los tres meses. Desde el año 1977 la Fundación Vida Silvestre Argentina los estudia y protege en la Reserva "Campos del Tuyú", en la provincia de Buenos Aires. También sobrevive en la provincia de San Luis, que lo tiene en su escudo. El escritor costumbrista Justo P. Sáenz nos dice: *"Quien setenta años atrás haya cruzado los 'campos de afuera', habrá percibido más de una vez erguida entre las pajas su astada cabecita y trémulos de atención, los grandes pabellones de sus orejas, atisbando el paso de la volanta polvorienta o el de la mensajería con su abanico de "laderos"."*

● Extrema amenaza de extinción. Monumento Natural de la provincia de Buenos Aires y San Luis. Problemas: las enfermedades transmitidas por el ganado, la caza furtiva, el ataque de perros y la destrucción de su hábitat. Hay poco más de 1.000 ejemplares en todo el territorio nacional. Urge la creación de áreas protegidas como el Parque nacional Los Venados, en San Luis y estructurar un plan de cría en cautiverio.

Cabeza y cuerpo: 110-135 cm
Alzada: 70-75 cm
Peso: 30-40 kg
Gestación: 7 meses
Crías: 1

Familia Cervidae

78 Pudú

Pudu puda (Molina, 1782)
Otros nombres: pudu del sur, venadito, venado, puyú; southern pudu (inglés).

Es el ciervo más pequeño del mundo. Este tímido y esquivo animal prefiere los ambientes sombríos del bosque andino-patagónico donde puede refugiarse con facilidad entre los matorrales y cañaverales de coligüe. En la horas de luz permanece acostado rumiando o durmiendo y sale al atardecer en busca de comida. Se alimenta de arbustos, flores, helechos y hojas de radal, maitén y maqui. El celo ocurre entre marzo y mayo. En primavera nacen las crías con un pelaje con manchas blanquecinas que mantienen durante casi dos meses. Generalmente solitario, puede verse a fines de la primavera la hembra con su cría y difícilmente grupos de más de tres individuos. Además del puma y el zorro colorado, el visón introducido en la Patagonia podría ser un predador importante. El naturalista chileno Rafael Housse nos cuenta: *"Su índole es suave pero torpe; tan confiados son que hace medio siglo, solían algunos mezclarse con los rebaños de cabras y ovejas con los que entraban en el redil, hasta que, ahuyentadas por los sabuesos, se espantaban erizándose los pelos y llenándose de lágrimas los ojos"*.

Vulnerable. En el pasado mereció esfuerzos considerables ya que, ante la falta de información, se lo creía seriamente amenazado y durante las décadas de 1930 y 1980 se implementaron planes de reproducción en cautiverio en la Isla Victoria del Parque Nacional Nahuel Huapi. Problemas: destrucción del hábitat y caza, sobre todo por perros.

Cabeza y cuerpo: 70-90 cm
Alzada: 40 cm
Longitud de las astas: 10 cm
Peso: 10-12 kg
Gestación: 7 meses
Cría: 1

Orden Rodentia

Los roedores son el grupo más numeroso de mamíferos, tanto que la cantidad de especies de este orden supera las de todo el resto. Por lo general, son animales de tamaño pequeño o mediano y aunque algunos de ellos son bien llamativos, la gran mayoría nos pasan inadvertidos.

La principal característica de los roedores debemos buscarla en su dentadura. Todos los animales de este orden tienen en cada mandíbula un par de incisivos muy largos y curvados, con una raíz de crecimiento permanente. Este crecimiento se compensa por el desgaste que se produce cuando roen la comida y por el roce entre los dientes superiores e inferiores. Además, como sólo tienen esmalte en la cara anterior, esta parte es más dura y se gasta menos y así los incisivos se mantienen filosos y cortados en bisel.

Otra característica de la dentadura de los roedores es la carencia de caninos, lo que genera en cada mandíbula un amplio espacio sin dientes entre los incisivos y los molares que se conoce como diastema.

En cuanto a la articulación mandibular, está conformada de tal manera que, además de la apertura y cierre, permite un movimiento de atrás hacia delante que ayuda para afilar los incisivos y desmenuzar la comida con los premolares y molares.

La boca de los roedores se cierra por detrás de los incisivos y al nivel del diastema por unas prolongaciones del tegumento de los lados de la cara, que dejan la parte anterior separada del resto de la boca. Gracias a esta estructura, las sustancias roídas no comestibles no pasan a la cavidad bucal. Las extremidades tienen de tres a cinco dedos.

Los roedores abundan en todas partes. La mayoría tiene crías numerosas y se propaga con rapidez. Muchos de ellos son minadores y otros tienen vida arborícola, pero también los hay de vida semiacuática y corredores.

Familia Sciuridae (ardillas)

Las ardillas se cuentan entre los roedores más populares, debido a su bonito aspecto y a que muchas de ellas son diurnas, confiadas y fáciles de ver. Son animales activos y ágiles. La mayoría son arborícolas pero hay algunas que son terrestres. Se alimentan principalmente de frutos nueces y vegetales, aunque también comen insectos, huevos o pichones de aves. Hay dos especies en la Argentina y una tercera introducida del Asia en los alrededores de Luján.

Familia Muridae (ratas y ratones)

Es la familia más numerosa del orden. Está formada por una gran variedad de ratas, lauchas y ratones, con pelaje largo y sedoso de coloración variada. Pueden ser terrestres, arborícolas o excavadores. Generalmente herbívoros, hay algunos omnívoros. Hay 85 especies en la Argentina.

Familia Erethizontidae (coendúes)

Tienen parte de los pelos transformados en púas o espinas que les sirven como defensa. Estas púas son córneas, fuertes, aguzadas y se desprenden fácilmente al ser tocadas. Tienen el extremo formado por pequeñas escamas como si fuera un arpón por lo que cuando se clavan son difíciles de desprender. Son arborícolas y tienen cola prensil. Hay tres especies en la Argentina.

Familia Caviidae (cuises y maras)

Son de tamaño mediano a grande. Tienen la cola muy corta, en general reducida a un pequeño muñón. Los pies tienen cuatro dedos en los miembros anteriores y tres en los posteriores. Viven en el suelo y se refugian en cuevas, pudiendo cavar las propias o usar las de otros animales. Existen siete especies en nuestro país.

La mara puede alimentar a su cría sentada para detectar a un cazador.

Los cuises dejan típicos túneles entre los pajonales.

Familia Hydrochaeridae (carpincho)

Hay una sola especie dentro de la familia, que es el roedor más grande del mundo. Es un animal corpulento, de cabeza grande y con la cola muy pequeña. Tiene cuatro dedos en las manos y tres en los pies. Está muy adaptado a la vida en el agua y tiene membranas entre los dedos posteriores.

El carpincho tiene cuatro dedos en las manos y tres en las patas.

Los excrementos tienen el tamaño y la forma de una aceituna.

Familia Dasyproctidae (acutíes)

Son animales selváticos terrestres de tamaño mediano, con el cuerpo alargado y la cola corta o ausente. Las extremidades son más bien largas y adaptadas para la carrera, con uñas fuertes y gruesas. Existen dos especies en la Argentina.

Familia Agoutidae (pacas)

Una sola especie en la Argentina.

Familia Chinchillidae (vizcachas, chinchillones y chinchillas)

Son roedores de cuerpo redondeado con los miembros anteriores cortos y los posteriores musculosos. Tienen cabeza grande con ojos y orejas grandes. La cola es larga y curvada hacia arriba con pelos más largos en la parte dorsal. Hay cuatro especies en nuestro país.

Las vizcachas acumulan ramas y otros elementos en la boca de sus cuevas.

Familia Abrocomidae (ratas chinchilla)

Son animales del tamaño de una rata, con el pelaje denso, largo y fino. Existe una especie en la cordillera norte de nuestro país, pero no se incluye en este libro.

Rata chinchilla (*Abrocoma cinerea*)

Familia Myocastoridae (coipos)

Son de tamaño grande, con el cuerpo robusto y las orejas y los ojos pequeños. Tienen la cola larga y cilíndrica con pelaje corto y ralo. Son acuáticos y tienen los cuatro dedos de los pies unidos por una membrana. Los miembros anteriores tienen cinco dedos. Existe una sola especie en la familia.

Familia Echimydae (ratas espinosas)

Son ratas de tamaño mediano a grande que habitan sitios tanto boscosos como abiertos. Es una familia que habita principalmente regiones tropicales de América. No se incluye en este libro.

Rata de las tacuaras (*Kannabateomys amblyonyx*)

Rata vizcacha colorada (*Tympanoctomys barrerae*)

Familia Octodontidae (degúes, chos-chos y otros)

Son ratones de cabeza grande y cola terminada en un penacho de pelos a la manera de un pincel. Tienen hábitos cavícolas y viven en ambientes rocosos y sitios arbustivos semiáridos. No se incluye ninguna de las seis especies de la Argentina.

Familia Ctenomyidae (tuco-tucos)

Son roedores de cuerpo fuerte, con patas cortas y musculosas, con ojos y orejas pequeños. Tienen plantas grandes con cerdas en forma de peine sobre las garras, de donde viene su nombre científico: *Ctenos* que quiere decir "peine" y *mys*, "ratón". Son animales que construyen largas galerías subterráneas y rara vez salen a la superficie. En la Argentina existen treinta y tres especies.

Las tuqueras son inconfundibles, pero ver a sus moradores es más complicado.

Orden Lagomorpha

Los lagomorfos se asemejan a los roedores, de los que se diferencian principalmente por tener un segundo par de incisivos superiores, muy pequeños y situados por detrás de los otros dos.

Familia Leporidae (liebres y conejos)

Es una familia distribuida en casi todo el mundo. En la Argentina existe una sola especie nativa, el tapetí, que no se incluye en este libro. Hay además dos especies introducidas: la liebre y el conejo.

Tapetí (*Sylvilagus brasiliensis*)

Familia Sciuridae

79 Ardilla gris

Sciurus aestuans Linnaeus, 1766
Otros nombres: ardilla misionera, ardilla de la selva; coatí serelepe (guaraní) caticoco (portugués); olive-coloured squirrel (inglés).

Mucha gente asocia las ardillas con los bosques de América del norte o de Europa y se sorprende cuando, al recorrer los paseos de las cataratas del Parque Nacional Iguazú, se encuentran con una de ellas comiendo los frutos de la palmera pindó o bajando cabeza abajo y en tirabuzón por su tronco. La serelepe habita tanto las selvas como las isletas de monte en los pastizales del sur de Misiones. Es un animal solitario que está activo durante el día por lo que es fácil de observar. Al alarmarse produce un característico castañeteo continuo. Se alimenta principalmente de frutos y semillas, pero también come pequeños vertebrados e insectos. Para realizar su "nido" y proteger a sus crías utiliza oquedades de los árboles. El hurón mayor y los gatos de selva son algunos de sus predadores.

La situación de las poblaciones depende de la conservación del ambiente. La destrucción de la selva misionera va reduciendo su hábitat. Resultan necesarios estudios específicos sobre su biología y su estado de conservación.

Cabeza y cuerpo: 17 cm
Cola: 18 cm
Peso: 250-300 g
Gestación: 4 semanas
Crías: 3-8

Fruto de palmera pindó roído por una ardilla gris.

Familia Sciuridae

80 Ardilla roja

Sciurus ignitus (Gray, 1867)
Otros nombres: nuecero; yungas squirrel (inglés).

Es una ardilla de aspecto típico, dotada de una vistosa cola que es como un penacho de tonos naranja, tan larga como su cuerpo. Habita en las selvas de montaña y está asociada a la presencia de los nogales criollos que crecen a alturas entre los 1.000 y 1.600 metros sobre el nivel del mar (en Calilegua). La ardilla come las nueces de esta planta a las que roe para abrirlas de manera muy característica. Revisando al pie de estos bosques, se encuentran los restos de estos frutos labrados, los que sirven para detectar la presencia de la ardilla roja. Como otras ardillas, se alimenta tomando la comida con las manos y plegando la cola sobre el dorso. Es diurna y confiada, de manera que con cautela y paciencia es posible acercarse a ellas hasta distancias de cuatro o cinco metros. Su voz de alarma son unos silbidos estridentes como los de un ave; estos gritos también sirven para detectar su presencia. Utiliza refugios en los huecos de los árboles y se la ha encontrado habitando en oquedades trabajadas por el carpintero de lomo blanco. La hembra tiene tres pares de mamas. Los bosques de nogal del Parque Nacional Calilegua donde fue fotografiado este ejemplar es uno de los sitios donde puede verse.

● A nivel nacional se la considera "dependiente de la conservación de su hábitat". Si bien la población es abundante, grandes extensiones de los bosques de nogal están desapareciendo y con ellos la ardilla.

Cabeza y cuerpo: 26 cm
Cola: 19 cm
Peso: 255 g
Gestación: 4 semanas

Fruto de nogal roído por una ardilla roja.

Familia Muridae

81 Ratón de monte

Akodon cursor (Winge,1887)
Otros nombres: ratón pardo-rojizo

Habita en todo tipo de ambientes, pero prefiere los sitios mas llanos y secos, sobre todo los bordes de desmontes y los sitios con restos de vegetación. No es trepador y pasa por debajo de troncos y obstáculos. Es omnívoro y, además de hojas y semillas, come coleópteros, mariposas y otros insectos. Como ocurre con muchas otras especies de ratones, el número de sus poblaciones tiene una fuerte fluctuación estacional. La mayor abundancia ocurre a principios del invierno, ya que en este momento se encuentran muchos de los individuos que han nacido en la temporada reproductiva entre septiembre y marzo; los que paulatinamente van disminuyendo por predación y otras causas. Pero en el estado de sus poblaciones influyen, además, las situaciones cambiantes de algunas plantas que por motivos ambientales pueden florecer y fructificar en determinados años, aumentando así la oferta de alimento para ésta y muchas otras especies de ratones que aumentan de manera explosiva. Estos aumentos que se producen ocasionalmente se conocen como "ratadas".

● Como muchos otros pequeños roedores es muy abundante; esta especie en particular el ratón más común en la selva de Misiones. Los investigadores que trabajan con pequeños roedores deben ser muy cuidadosos porque algunos ratones son portadores del virus de la fiebre hemorrágica argentina y del hantavirus.

Cabeza y cuerpo: 10,4 cm
Cola: 8,3 cm
Peso: 34 g

Familia Muridae

82 Ratón hocico bayo

Abrothrix xanthorhinus (Waterhouse, 1837)
Otros nombres: ratón de trompa amarilla, ratón de Magallanes con hocico amarillo, laucha de hocico anaranjado, ratón de los guindales (*A. x. llanoi*); kollitol, chotre (shelknam u ona); yellow-nosed mouse (inglés).

En gran parte de los bosques de la región andino-patagónica, la caña coligüe es una de las principales plantas del sotobosque. Estas cañas florecen sólo una vez cada 17 a 20 años y cuando esto ocurre, la abundancia de comida favorece la reproducción de casi todas las especies de ratones de la región, que aumentan sus poblaciones de forma explosiva. El ratón hocico bayo es uno de los beneficiados. Esta especie que se reconoce por el tinte bayo naranja de la nariz, es uno de los ratones más abundante en la Patagonia. Es pequeño y de aspecto rechoncho y con la cola más corta que la cabeza y el cuerpo. Habita tanto en los bosques cordilleranos de ñires, lengas, coihues, canelos y arbustos de calafate, como en los coironales de la estepa. Es nocturno y recorre el suelo en busca de hierbas y semillas revisando entre los troncos y revolviendo la hojarasca y dejando en sus correrías pequeñas sendas entre la vegetación. Su actividad sexual comienza a fines de primavera y los nacimientos ocurren en verano. Sus restos aparecen con frecuencia en las regurgitaciones del ñacurutú.

● No tiene problemas de conservación. La subespecie *Abrothrix xanthorhinus llanoi*, endémica de Isla de los Estados, está considerada como vulnerable a causa de su reducida distribución geográfica ya que en la isla se ha introducido la rata parda (*Rattus norvegicus*), que la desplaza de sus ambientes.

Cabeza y cuerpo: 9-10 cm
Cola: 4-6 cm
Peso: 25-30 g

Familia Muridae

83 Rata nutria común

Holochilus brasiliensis (Desmarest, 1819)
Otros nombres: rata nutria colorada; angudyá pytá (guaraní); rato do junco (portugués); red marsh rat (inglés).

Aunque por tamaño y aspecto puede recordar a la rata común, la rata nutria es mucho más bonita gracias al vistoso pelaje de un lustroso color rojizo. Es un típico habitante de todo tipo de ambientes acuáticos del centro y norte del país. Sale durante la noche y en algunos sitios es fácil de observar, sin que parezca preocuparse por nuestra presencia cuando se la busca con linternas en los juncales de las orillas de lagunas. Nada y bucea con gran destreza y puede recorrer de 20 a 30 metros bajo el agua sin dificultad. También es una hábil trepadora y construye sus nidos con fibras vegetales, entrelazados a los juncos, pajonales o las ramas bajas de árboles y arbustos hasta una altura un poco mayor que la de una persona. Normalmente estos "nidos" se encuentran en las orillas de los ríos o arroyos, en embalses naturales o en bañados. En ocasiones, esta especie incursiona en sitios alejados de su ambiente natural.
Es casi exclusivamente vegetariana y come hojas, brotes, tallos y también la corteza de las plantas. Muchas aves rapaces la capturan y sus restos pueden encontrarse en las egagrópilas, que es como se llama a las partes no digeridas y regurgitadas por lechuzas y otras aves rapaces.

● No presenta problemas de conservación. Se adapta a los cambios producidos por el hombre y puede aprovechar los cultivos. Ocasiona problemas en las forestaciones al roer las cortezas de los árboles. Se calcula que en la provincia de Salta donde vive una especie emparentada, *Holochilus chacarius*, en los meses de marzo y abril, cuando sus invasiones son más temidas, puede ocasionar hasta un 20 % de pérdida en las plantaciones de caña de azúcar.

Cabeza y cuerpo: 15-22 cm
Cola: 14-22 cm
Peso: 200-320 g
Crías: 2-8

Familia Muridae

84 Rata de pajonal

Scapteromys tumidus (Waterhouse, 1837)
Otros nombres: swamp rat (inglés).

Es una rata que habita pajonales cercanos a ambientes acuáticos como bañados, arroyos y lagunas. Aunque no es especialmente acuática, puede nadar y bucear con facilidad. Es una especie omnívora y se alimenta principalmente de plantas, pero también captura lombrices e insectos a los que puede detectar bajo tierra gracias al olfato, cavando con las manos para atraparlos.

De actividad nocturna, aprovecha para sus incursiones las primeras horas luego de la puesta del sol. De día permanece refugiada en un nido que fabrica entre los pajonales, las cortaderas o las ramas de arbustos. Cuando explora el territorio, produce un sonido grave y de bajo volumen y, cuando está excitada, un grito más fuerte y agudo. Las crías nacen en primavera y en verano. El ejemplar aquí reproducido fue fotografiado en el Uruguay. Para algunos autores las poblaciones de la Argentina pertenecen a una especie diferente (*Scapteromys aquaticus*). Sin embargo no tienen diferencias externas evidentes.

● No tiene, en apariencia, problemas de conservación.

Cabeza y cuerpo: 17-18 cm
Cola: 14-15 cm
Peso: 90-170 g
Crías: 2-4

Familia Erethizontidae

85 Coendú misionero

Sphiggurus spinosus (Cuvier, 1823)
Otros nombres: coendú cola corta, erizo, puerco espín; ourico caixeiro (portugués); lesser tree-porcupine (inglés).

Como todos los coendúes tiene forma redondeada, ojos grandes, una graciosa nariz redonda, suave y desnuda; también miembros cortos con manos y pies prensiles, provistos de uñas largas y curvas con el pulgar rudimentario. Pero tiene, además, señas particulares que lo diferencian de las otras dos especies de coendúes de la Argentina que habitan en el noroeste: como el tamaño es más pequeño y la cola más corta con un pelaje largo y suave que oculta en parte las púas córneas. Tiene un carácter tranquilo y pasa largo tiempo en reposo, escondido entre el ramaje o en el hueco de un árbol. Es de hábitos nocturnos, pero a veces también se puede encontrar activo durante el día. Se desplaza por las ramas con lentitud y seguridad usando la cola como si fuera un quinto miembro con el que incluso puede colgarse. Durante sus recorridas muchas veces baja a tierra para trasladarse de un árbol a otro. Come hojas, frutos y semillas. Para defenderse se detiene, levanta las púas formando una peligrosa pelota cubierta de "pinches" y realiza movimientos bruscos que pueden clavar las púas en el agresor. Por esto sus atacantes son muchas veces animales jóvenes que no lo conocen, pues quien ha probado una vez sus pinchazos difícilmente vuelva a acercársele. De todas maneras tiene sus predadores y en Misiones un cráneo de este animal se encontró en un nido de harpía.

Vulnerable. Se lo mata por considerárselo peligroso para los perros que se lastiman con las púas al atacarlo. También es atropellado en las rutas porque para defenderse se detiene y eriza sus púas. El progresivo desmonte que fragmenta su ambiente y divide las poblaciones ha terminado con muchos de ellos.

Cabeza y cuerpo: 32-38 cm
Cola: 22-28 cm
Peso: 3,5 kg
Crías: 1

Familia Chinchillidae

86 Chinchilla grande

Chinchilla brevicaudata Waterhouse, 1848
Otros nombres: chinchilla de cola corta, chinchilla del altiplano, chinchilla intermedia, chinchilla boliviana, chinchilla cordillerana, chinchilla real.

La chinchilla grande habita las zonas montañosas entre los 2.000 y los 5.000 metros sobre el nivel del mar. Existe otra especie, la chinchilla chica o costina de las montañas costeras y faldeos del norte de Chile, pero para algunos autores son sólo dos razas de la misma especie. Ya los incas conocían la finura del pelo de la chinchilla con el que fabricaban prendas para la familia real. El descontrol de su captura sobreviene sobre todo en el siglo XIX y principios del XX, hasta que a partir de unos animales capturados en Chile en el año 1923 se comenzó con éxito su cría en cautiverio, pero para esta época la mayoría de sus poblaciones naturales habían desaparecido y hasta hoy es poco lo que se conoce de su vida en la naturaleza. Es muy gregaria y forma colonias, que antes eran de hasta 100 animales, entre grietas de las rocas y galerías que excava. Tiene hábitos crepusculares y nocturnos, pero puede asolearse frente a sus cuevas. Se alimenta de los pastos coriáceos y los arbustos que crecen en estos ambientes fríos y ventosos. Muy limpia, toma baños de polvo. Sus excrementos en montoncitos dispersos cerca de las "Chinchilleras" delatan su presencia. Su nombre posiblemente derive de la lengua cacan y signifique "saltador" en referencia a su agilidad. Otra versión recopilada por el folclorista Lafone Quevedo, dice que quizás sea onomatopéyico, derivado de un chillido que emite el animal.

🔴 La especie silvestre se encuentra amenazada de extinción y está considerada en peligro crítico a nivel nacional e internacional. Es diferente la situación de las poblaciones domésticas que satisfacen el mercado peletero. Antiguamente, los ejemplares utilizados para la confección de tapados de piel se extraían de la naturaleza. En 1824 se exportaron del puerto de Buenos Aires 428.000 pieles. Los intentos de reintroducción no han tenido éxito.

Cabeza y cuerpo: 30-35 cm
Cola: 15 cm
Peso: 400-800 g
Hembras mayores que los machos
Gestación: 110–120 días
Crías: 1-4
Longevidad: 10 años en la naturaleza y 20 en cautiverio

Familia Chinchillidae

87 Chinchillón común

Lagidium viscacia (Molina, 1782)
Otros nombres: vizcachón, vizcacha de la sierra, vizcacha serrana, vizcacha de las piedras; pilquín (araucano); mountain viscacha (inglés).

Es un habitante de los ambientes cordilleranos que puede vivir hasta alturas de 5.000 metros, pero el ejemplar de la fotografía pertenece a la raza de la Meseta de Somuncurá, en la provincia de Río Negro cuya altitud es de sólo 500 metros. Se sabe que durante el invierno con fuertes nevadas y falta de alimento algunas poblaciones bajan a menores alturas. Como tiene una distribución muy amplia, la variación geográfica es notable, tanto en el color como en las proporciones. Por ejemplo, los animales de la Puna son más amarillos y tienen las orejas mucho más largas que los de Patagonia. Sus horarios de mayor actividad son durante la mañana y los momentos antes de la puesta del sol. Frecuentemente se asolea y acicala dándose baños de arena en cornisas u algún otro sitio seguro. Cuando está en lugares inaccesibles, se siente confiada y permite un acercamiento hasta escasos metros, pero si se alarma, emite silbos agudos y corre entre las rocas con increíble agilidad. Come los vegetales duros y coriáceos de las alturas donde vive. Al menos en la Patagonia los acoplamientos son en mayo o junio. Las crías nacen bien desarrolladas y desde los primeros días se alimentan de plantas. Según los antiguos relatos de viajeros, en algunas comunidades de los Andes estos animales despertaban cierta veneración supersticiosa. Cuentan que, antes de la misa de gallo, eran colgadas vivas encima del altar mayor y luego liberadas nuevamente en la montaña para, así benditas, servir de regalo a la pachamama (la madre tierra).

Se la caza para aprovecharla como alimento. Como la piel pelecha continuamente, no tiene utilización comercial. Existen nueve subespecies —o razas—, algunas de distribución geográfica muy restringida en nuestro país.

Cabeza y cuerpo: 30-45 cm
Cola: 20-40 cm
Peso: 1-3 kg
Gestación: 120-140 días
Crías: 1 a veces 2

Familia Chinchillidae

88 Chinchillón anaranjado

Lagidium wolffsohni (Thomas, 1907)
Otros nombres: ardilla, pilquín anaranjado.

El pilquín anaranjado o ardilla, como la bautizan los paisanos del sur de Santa Cruz, se diferencia fácilmente de la vizcacha de la sierra por su vistoso pelaje tupido de color ocre naranja y sus pequeñas orejas aunque, teniendo en cuenta la gran variación de las vizcachas de la sierra, bien podría tratarse de una subespecie más. Habita paredes rocosas con escasa vegetación a alturas de alrededor de los 800 metros. Cada "vizcachera" comprende una aldea, más o menos poblada, cuyas cuevas están a cinco o diez metros unas de otras, y en niveles diferentes. La descendencia de una pareja —que parece ser permanente— va formando la colonia. Sus predadores naturales son el puma, el zorro y eventualmente rapaces que pueden atacar a las crías. Muy sensibles a los fenómenos ambientales, presiente con un día de anticipación los temporales y demás perturbaciones climáticas, y salta nerviosa persiguiéndose por todos lados. Es el "barómetro" vivo de los pastores y mineros de la región. Fue descripta por el prestigioso estudioso de mamíferos Thomas, en el año 1907.

● Considera vulnerable a nivel nacional. La carne es bocado apreciado por pobladores locales. La piel también es apreciada localmente. Su pequeña distribución geográfica, restringida a la región patagónica austral, la hace vulnerable. Se encuentra protegida en el Parque Nacional Francisco P. Moreno.

Cabeza y cuerpo: 47 cm
Cola: 30 cm
Peso: 3 kg
Gestación: 120-140 días
Crías: 1

Familia Chinchillidae

89 Vizcacha

Lagostomus maximus (Desmarest, 1817)
Otros nombres: vizcacha común, vizcacha de las pampas; huiscacha (quichua); plains viscacha (inglés).

La vizcacha es uno de los mamíferos más característicos de nuestras llanuras y bosques secos. Tiene una cabeza grande con grandes ojos adaptados para ver de noche, largos bigotes y un contrastado diseño blanco y negro. Construye grandes cuevas coloniales que pueden llegar a tener hasta cien bocas de entrada y cubrir una superficie de seiscientos metros cuadrados. Una colonia puede tener veinte, treinta y a veces hasta cincuenta individuos. Las colonias tienen varias hembras y de uno a tres machos adultos que se conocen como vizcachón. Los túneles conducen a una o más cámaras donde los animales duermen. Las áreas vecinas a la vizcachera quedan desnudas o con la vegetación cortada al ras por el intenso pastoreo. Tiene la costumbre de acarrear ramas, piedras, huesos u otros objetos que encuentre hasta las bocas de la cueva; los acampantes del Parque Nacional El Palmar más de una vez deben buscar allí sus zapatillas. Las cuevas son usadas por muchos animales: insectos, ranas, lagartos, boas, lechuzas y muchos más. Es predada por el puma, el zorro y el gato montés. Como buen animal social tiene un amplio repertorio de voces, que indican alarma (iú-hú), marcado territorial (pi-chúng) o amenaza. Merece leerse el capítulo dedicado a este animal en *Un naturalista en el Plata* de Guillermo Enrique Hudson, que quizás sea la primera historia natural realizada sobre una especie nativa de nuestro país.

Vulnerable. Es abundante en extensas áreas del Chaco y el Espinal. En algunas zonas, como en el Parque Nacional El Palmar, a pesar de su protección, la población se ha reducido dramáticamente. En el pastizal pampeano fue perseguida intensamente por su carne y por considerarse un animal perjudicial para la agricultura, desapareciendo en grandes áreas. La modificación profunda de su ambiente típico, el pastizal pampeano, nos obliga a prestar más atención a las poblaciones

Cabeza y cuerpo: 45-65 cm
Cola: 13-20 cm
Peso: 3-8 kg. Macho mayor que la hembra
Gestación: 150 días
Crías: 2
Lactancia: 50 días

Familia Caviidae

90 Cuis grande

Cavia aperea Erxleben, 1777
Otros nombres: cuis pampeano, cuí, apereá, uhijé; pampas cavy (inglés).

Como es diurno y muy abundante, es uno de los mamíferos más conocidos de la Argentina. Es frecuente por ejemplo, a la vera de los caminos y muchas veces cruza las rutas con rápidas carreritas. Habita en sitios de vegetación baja y cerrada, como pajonales, pastizales y matorrales densos, incluso en sitios inundables. No cava cuevas, pero crea túneles entre los pastos al repetir sus pasadas desde los dormideros a los sitios de alimento. Come tallos, pastos, espigas y otras fibras finas. Por lo general vive en grupos de cinco a diez individuos, pero en algunas áreas forma grandes concentraciones. Tiene varias voces, pero la más conocida es el agudo chillido que produce cuando está excitado. Se reproduce todo el año y puede tener varias camadas anuales. Las crías nacen muy desarrolladas y parecen un adulto en miniatura. La lactancia dura unas tres semanas. Al ser tan abundante, son muchos los predadores que lo capturan. Muchas veces se ve a los hurones persiguiéndolo por sus rastrilladas. También lo cazan zorros, gatos monteses, pumas y aves rapaces. Los incas domesticaron a un pariente muy cercano de este animal para alimento y en Perú se lo sigue consumiendo. Para nosotros, el cobayo o conejito de la india —su pariente doméstico— es una simpática mascota.

● Sin problemas de conservación. Es una especie abundante que se adapta a las modificaciones ambientales que produce el hombre.

Cabeza y cuerpo: 25-30 cm
Peso: 450-500 g
Gestación: 62-63 días
Crías: 2, a veces hasta 5

Anterior
Posterior

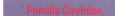

91 Cuis chico

Microcavia australis (Geoffrroy y D'Orbigny, 1833)
Otros nombres: conejo del cerco, cuis amarillento, cuis austral, cuis de los salitres; southern dwarf cavy, least cavy (inglés).

El cuis chico habita en casi toda la Argentina, salvo en las zonas húmedas del este. Es típico de los arbustales de jarilla, algarrobales y zonas con piquillín. Es diurno y vive en comunidades familiares. Utiliza como refugios depresiones o cuevas de otros animales bajo arbustos espinosos, pero también construye sus propias galerías con varias bocas que se comunican entre sí. Durante la noche o cuando hay viento fuerte o lluvia, permanece en sus cuevas. Los alrededores de los sitios habitados están limpios de vegetación alta, lo que le permite detectar la presencia de predadores. Se alimenta de hojas, flores, brotes, frutos como el del piquillín y también come corteza. Al parecer no bebe agua y le basta con la que ingiere con los alimentos. El hurón es uno de sus principales predadores. Cuando se alarma emite un "tsit" corto y toda la colonia corre a refugiarse en las cuevas. Varias comunidades de la Argentina consumen su carne, ya que está basada en una alimentación vegetariana, y al ser un animal muy limpio, resulta agradable su sabor.

🟢 Es muy abundante. En algunas zonas se la considera "plaga". En una región del sur de Buenos Aires se calculó una población de 24 animales por hectárea.

Cabeza y cuerpo: 18-24 cm
Peso: 150-300 g (algunas razas hasta 500 g)
Gestación: 53-55 días
Crías: 2-3
Lactancia: 3-4 semanas

Familia Caviidae

92 Mara

Dolichotis patagonum (Zimmermann, 1780)
Otros nombres: liebre patagónica, liebre criolla, falsa liebre, conejo del campo, talca, paahi; patagonian cavy (inglés).

En las estepas y jarillales de la Argentina, los principales herbívoros son el guanaco y el choique o ñandú patagónico, lo que contrasta fuertemente con la inmensa diversidad de grandes herbívoros de las sabanas africanas o incluso con las praderas de América del norte. Quizá por eso, la mara cubra un nicho vacante ya que su aspecto y comportamiento nos recuerda más al de un pequeño antílope que a un roedor. Tiene patas largas y delgadas con un cuello bien definido y hasta su andar, cuando salta con las cuatro patas juntas, parece el de los antílopes springbock de África del sur. Es una especie colonial y monógama. Al menos en cautiverio, la pareja permanece unida toda la vida. El contacto de la pareja lo mantiene el macho que sigue a la hembra permanentemente y ataca a otras maras que se aproximen. El apareamiento en la Patagonia ocurre en invierno y las pariciones en primavera. El parto tiene lugar a la entrada de una cueva, y las crías se introducen en ella y viven allí cerca de cuatro meses, pero la hembra no vive en la cueva y va allí a amamantar a sus hijos una o dos veces por día. Lo hace sentada sobre sus cuartos traseros, lo que le permite vigilar el entorno. Los cachorros nacen bien desarrollados y vivaces, ramoneando la vegetación poco después de nacidos.

Vulnerable. Es endémica del territorio argentino. Por eso su conservación es responsabilidad exclusiva de nuestro país. Se la caza para alimento y por su cuero. En varias regiones de su distribución geográfica original ha desaparecido. Habita en los Parques Nacionales Lihué Calel, Sierra de las Quijadas, Talampaya y el Monumento Natural Bosques Petrificados.

Cabeza y cuerpo: 70-75 cm
Cola: 4 cm
Peso: 8-15 kg
Crías: 1-3

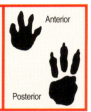

Anterior

Posterior

Familia Cavidae

93 Conejo de los palos

Pediolagus salinicola (Burmeister, 1876)
Otros nombres: conejo de las salinas, conejo salinero, mara chica; chacoan cavy (inglés).

La apariencia de este animal es casi como la de una mara en miniatura, con unas llamativas manchas blancas arriba y debajo de los ojos y con dos pares de mamas, a diferencia de la mara que tiene cuatro. Es un habitante de ambientes áridos, llanos, boscosos y arbustivos del Chaco boliviano, paraguayo y argentino. En el sur, su distribución se superpone con la de la mara. Al igual que ésta, es social y las crías de diferentes hembras se reúnen e interactúan entre ellas. Construye extensas cuevas. Se lo puede encontrar activo tanto de día como de noche. Tiene el típico comportamiento de levantarse sobre sus patas traseras para poder observar a mayor distancia o para alcanzar el follaje de los arbustos. Algunos autores dicen que trepa a los árboles bajos, los arbustos y árboles secos caídos, de donde proviene el nombre de "conejo de los palos". Pero hasta hoy es muy poco lo que se conoce de la biología de esta especie. Un buen sitio para observarlo es la Reserva Provincial Chancaní en Córdoba.

● Aparentemente no tiene problemas de conservación. Sin duda es una pieza más de la tradicional "caza de subsistencia", que realizan los pobladores rurales del Chaco argentino.

Cabeza y cuerpo: 45-47 cm
Peso: 1,5-2,5 kg
Gestación: 75-80 días
Crías: 1-3

Familia Hydrochaeridae

94 Carpincho

Hydrochaeris hydrochaeris (Linnaeus, 1766)
Otros nombres: puerco de agua, puerco de río, cerdo de río; capií-vá, capivara (guaraní); maasá mop (chunupí); nacupiaga (mocoví); yelatai amó (wichí); nachiguese (pilagá); walikerait (toba); miquilo (quechua); capybara (inglés).

Está asociado a todo tipo de ambientes acuáticos que posean vegetación densa en las márgenes, en donde se refugia para descansar. Es social y vive en manadas con definidas jerarquías sociales. Los grupos se componen de un macho dominante con una o varias hembras y sus crías. El macho dominante corre a los machos subordinados. Es apacible y tranquilo y donde no se le da caza está activo durante el día, muchas veces metido en el agua durante las horas de más calor. Come principalmente al atardecer y durante la noche. Se alimenta de plantas acuáticas, gramíneas y hierbas ribereñas. El celo se ha observado en primavera. Cuando la hembra está receptiva, el macho la sigue constantemente. La cópula tiene lugar en el agua. Cuando se alarma, emite una especie de ladrido ronco, que sirve de aviso al resto de la manada, que corre a zambullirse estrepitosamente, para huir buceando. Entre sus predadores, se cuentan los félidos grandes. El yacaré y la boa curiyú pueden comer a las crías.

Potencialmente vulnerable. Sufre una fuerte presión de caza. Se consume su carne y el cuero es usado para camperas, abrigos y otros productos. Hasta el momento no hay planes serios de reproducción y cría de estos animales para su uso industrial. A veces, sus poblaciones son diezmadas por una enfermedad transmitida por los caballos, conocida como "mal de las caderas". Los perros matan muchos animales.

Cabeza y cuerpo: 100-130 cm
Altura: 55 cm
Peso: 45-75 kg
Gestación: 120-150 días
Crías: 4-7
Lactancia: 4 meses
Madurez sexual: 18 meses
Expectativa de vida: 8-10 años

Anterior
Posterior

Familia Dasyproctidae

95 Acutí rojizo

Dasyprocta punctata Gray, 1842
Otros nombres: agutí variado, agutí rojizo, agutí de las yungas; yungas agouti (inglés).

Los agutíes es uno de los grupos más abundantes de roedores de las selvas de América del sur. En la Argentina existen dos especies. Ésta, que vive en las yungas del noroeste de la Argentina, y el acutí bayo, que habita en la selva misionera. El acutí rojizo se alimenta básicamente de frutos, a los que busca al pie de diversos árboles cuando maduran y caen a tierra. También puede comer hojas y plantas suculentas. Muchas veces se aproxima a las plantaciones. Toma los frutos con la boca y corre para comerlos en un lugar seguro. Para comer, se sienta sobre los cuartos traseros y toma la comida con las manos. Tiene la costumbre de enterrar provisiones para épocas de escasez por lo que sirve también para trasladar semillas lejos de la planta madre y sembrarlas ayudando a la reproducción de muchas plantas. Aparentemente forma parejas que se mantienen toda la vida y el macho arremete contra otros pretendientes erizando los largos pelos que tiene en el anca. Durante el cortejo, el macho sigue a la hembra y la rocía con orina. Cuando se alarma, corre emitiendo una serie de cortos gruñidos. Las crías nacen bien desarrolladas y vivaces con los ojos abiertos, pero la hembra las mantiene en una grieta adonde se acerca para amamantarlas llamándolas con un sonido bajo. Tiene muchos predadores, como el puma, el ocelote, el yaguarundí, el hurón mayor, los zorros y las águilas.

Potencialmente amenazado de extinción según la Dirección de Fauna. Otros especialistas no registran problemas para la especie. Es capturado por los pobladores rurales para alimento. Se encuentra en los Parques Nacionales Baritú, Calilegua, El Rey y Campo de los Alisos.

Cabeza y cuerpo: 45-60 cm
Cola: 2 cm
Peso: 2-3 kg
Gestación: 105-120 días
Crías: 1-4

Anterior

Posterior

Familia Agoutidae

96 Paca

Agouti paca (Linnaeus, 1766)
Otros nombres: paca grande, paí, acutí-paí; paca (inglés).

Es el mayor roedor de selva después del carpincho. Tiene el cuerpo alargado con uñas grandes y fuertes, orejas cortas y patas robustas, lo que conforma en suma un modelo perfecto para desplazarse entre la densa vegetación selvática. Vive en las cercanías de ríos y arroyos o en terrenos bajos. Cuando es perseguida, se zambulle y nada con gran eficacia buceando varias decenas de metros antes de asomarse escondida entre la vegetación, apenas asomando los ojos y el hocico. Durante el día permanece en cuevas de hasta seis metros de largo que tienen varias bocas de escape al borde de los ríos, entre rocas o las raíces de árboles. Es estrictamente nocturna y sale después que oscurece, para recorrer la selva por carriles definidos en busca de hierbas, raíces y semillas, pero sobre todo de frutos. Tiene buen oído y olfato pero mala vista. Los nacimientos ocurren principalmente en primavera y verano.

● Potencialmente vulnerable según la Dirección de Fauna de la Nación. Soporta una intensa presión de caza debido a su exquisita carne. Su población se reduce junto a la destrucción de los ambientes que habita.

Cabeza y cuerpo: 60-80 cm
Cola: 2-3 cm
Peso: 8-15 kg
Gestación: 118 días
Crías: 1 rara vez 2
Longevidad: hasta 12 años

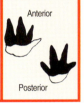
Anterior
Posterior

Familia Ctenomydae

97 Tuco-tuco costero

Ctenomys australis Rusconi, 1934
Otros nombres: oculto, tuco-tuco de los médanos; sand-dune tuco-tuco (inglés).

El tuco-tuco es un animal de vida subterránea. El nombre de "oculto" que recibe en muchas regiones se debe a que es muy raro verlo fuera de sus madrigueras mientras que el de tuco-tuco hace referencia al sonido de su voz. Los sitios habitados por el tuco-tuco deben tener un tipo de suelo que permita la construcción de cuevas y cualquier cambio en la textura del terreno puede convertirse en un accidente insalvable para la población. Estas barreras han favorecido entonces el aislamiento impidiendo el intercambio genético, a veces entre poblaciones muy cercanas, y a ello se debe por lo tanto la gran cantidad de especies que existen. El tuco-tuco costero es un habitante de los médanos costeros del sur de la provincia de Buenos Aires y puede construir sus galerías en sitios casi desprovistos de vegetación. Está activo durante el día y tiene horarios fijos de actividad en donde es frecuente que asome al exterior mientras acondiciona las cuevas. Una vez retirada la arena al exterior, el animal cierra la entrada para mantener las condiciones adecuadas de humedad y temperatura de su casa. A diferencia de la mayoría de las especies, este tuco-tuco normalmente no produce sonidos.

● Potencialmente amenazado de extinción. Su distribución está restringida a la franja costera atlántica y especialmente a la primera franja de dunas vivas, desde el Quequén Salado hasta Punta Alta. Las ciudades balnearias modificaron profundamente el ambiente en los últimos 20 años. En muchos casos, las poblaciones se encuentran dentro de los poblados y viven en los jardines donde son combatidas.

Cabeza y cuerpo: 19- 24 cm
Cola: 9-10 cm
Peso: 200-300 gr
Gestación: en otros tuco-tucos es de 95-100 días
Crías: en otros tuco-tucos es de 1-4

Familia Ctenomydae

98 Tuco-tuco austral

Ctenomys magellanicus Bennett, 1836
Otros nombres: tuco-tuco de Magallanes, cururú de Magallanes; coruro, tukem (tehuelche); apen (shelknam u ona); Magellanic tucotuco (inglés).

Como todos los tuco-tucos, es una especie cavadora que rara vez sale a la superficie, pero sin embargo es fácil detectar su presencia por los montículos de tierra removida que deja en la boca de sus cuevas y por los sonidos que produce, que suenan como tamboreos subterráneos. Estas madrigueras se desarrollan a una profundidad de treinta o cuarenta centímetros y tienen algunas cámaras o nidos recubiertos de paja. Los montículos de tierra removida actúan como parapetos contra el viento y estas redes subterráneas mantienen una temperatura más elevada y constante que la exterior. Sale de estas madrigueras principalmente al anochecer para buscar raíces de pastos y posiblemente de arbustos. Los nativos, particularmente los selknan u onas de Tierra del Fuego, lo cazaban para comerlo, ya sea haciendo alarde de una excelente puntería con flechas y piedras o rompiendo con un palo las cuevas ya que este recurso representaba un importante componente de su dieta.

Potencialmente amenazado de extinción. La ganadería ovina ha destruido muchos de sus territorios, ya que los animales pisan y destruyen las cuevas. La subespecie de tierra del Fuego estaría en la categoría de vulnerable. Las poblaciones parecen estar muy aisladas entre sí, a pesar de que algunas, como el caso de las poblaciones de Comodoro Rivadavia, sean abundantes.

Cabeza y cuerpo: 17-22 cm
Cola: 7- 9 cm
Peso: 175-370 g
Gestación: en otros tuco-tucos es de 95-100 días
Crías: en otros tuco-tucos es de 1-4

Familia Ctenomydae

99 Tuco-tuco puneño

Ctenomys opimus Wagner, 1848
Otros nombres: tuco-tuco de la Puna, tuco-tuco tojo, tilimuqui, oculto, ultutuco; puna tuco tuco (inglés).

Es un habitante de suelos arenosos de las estepas cordilleranas del altiplano, en sitios con una rala cubierta de gramíneas a alturas entre los 3.500 y los 5.000 metros sobre el nivel del mar. Como la casi totalidad de las especies de tuco-tucos, es solitario y su actividad es casi exclusivamente subterránea. De acuerdo con algunas observaciones realizadas en la Puna chilena, desarrolla su actividad hasta desnudar la vegetación de un área y luego la población migra para colonizar otra zona.

Describiendo a los tuco-tucos en general, Guillermo Hudson escribe: "*No se le ve, pero se lo oye: día y noche resuena su voz, fuerte y sonora como martillazos; parecería que un grupo de gnomos estuviera trabajando en las profundidades de la tierra, golpeando el yunque con fuertes golpes acompasados, luego más rápidos y débiles, con un ritmo que harían creer que los hombrecitos trabajan al compás de algún canto primitivo que no alcanza a oírse en superficie*".

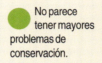 No parece tener mayores problemas de conservación.

Cabeza y cuerpo: 20-28 cm
Cola: 8-10 cm
Gestación: en otros tuco-tucos es de 95-100 días
Crías: 1-3

Familia Myocastoridae

100 Coipo

Myocastor coypus (Molina, 1782)
Otros nombres: rata nutria, nutria, nutria criolla; quiyá o kidya (guaraní) coipú (araucano); mikilo, (quechua); maasá (chunupí); sayapie, saypan (yámana o yagán) choch-eg (tehuelche); coypu (inglés).

Como pasa con muchos otros animales y plantas de América que fueron bautizados por los españoles, el nombre de "nutria" con que también se lo conoce, es usado en España para una especie muy diferente, el equivalente a nuestro lobo de río, que es un carnívoro. Pero nuestra nutria es un roedor y para confirmarlo basta mirar sus grandes incisivos de color naranja. Está muy bien adaptado a la vida acuática: los pies traseros tienen cinco dedos, con cuatro de ellos unidos por una membrana. Se encuentra en lagunas, esteros, arroyos, ríos e incluso en las costas marinas. Construye cuevas que a menudo tienen salidas hacia el agua. También construye plataformas de ramas, que utiliza para comer y dormir. Está activo tanto de día como de noche y en las zonas que habita se encuentran numerosas sendas que a veces forman túneles entre la vegetación. Tiene dos o tres camadas anuales. Las mamas de la hembra están situadas muy alto en los flancos, lo que le permite amamantar de pie. Se alimenta de raíces y de plantas acuáticas. Emite un sonido parecido a un mugido bajo y grave. Su piel se aprovecha intensamente desde el período colonial. En 1820 y 1821 salieron de Buenos Aires 500.000 cueros de coipo. Martín Rodríguez, Rosas, Urquiza y otros gobiernos dictaron decretos regulando su caza.

Por su alto valor peletero históricamente fue un importante recurso económico. Tiene una alta tasa de reproducción por lo que, a pesar de ser intensamente cazada, continúa siendo abundante. En algunos campos de la costa de Buenos Aires se la maneja racionalmente. Se reproduce en criaderos donde se obtuvieron variedades de pelaje. Fue introducida en América del Norte y Europa y se convirtion en una especie "problema" para los ambientes colonizados.

Cabeza y cuerpo: 43-63 cm
Cola: 25-45 cm
Peso: 4-10 kg
Gestación: 130 días
Crías: 5-6

Anterior
Posterior

Mamíferos introducidos en la Argentina

"Los invasores"

El efecto de las especies introducidas sobre la fauna nativa es semejante al que produjo la conquista de América por parte de los europeos sobre las comunidades originarias nativas: un paulatino empobrecimiento o exterminio de los originales residentes. Un ambiente natural que evolucionó durante cientos de miles de años con determinadas "reglas de juego" no está preparado para los planteos diferentes que trae un invasor. Deberán pasar muchas generaciones hasta que se produzca un nuevo equilibrio, pero para que esto se logre muchos pueden quedar en el camino.

Tronco cortado por un castor.

Las causas por las cuales se introducen especies son varias. En sus viajes, el hombre ha transportado animales involuntariamente desde tiempos inmemoriales. Así seguramente llegaron a nuestro país, como polizones de las naves de Hernando de Magallanes, la rata negra europea, el ratón común y la rata parda grande.

Otras veces las introducciones son voluntarias. Por ejemplo, en un país como el nuestro, con una corriente inmigratoria importante, resulta bastante lógico el deseo de recrear un ambiente familiar trayendo las plantas y animales de su lugar de origen con fines alimenticios, estéticos, recreativos o comerciales.

Posiblemente, la liebre y el conejo fueron introducidos con fines alimenticios. La liebre europea llegó al país en el año 1888. Los ejemplares procedían de Hamburgo y fueron liberados en la estancia "La Hansa" en Cañada de Gómez en Santa Fe. Hoy este animal se ha distribuido por casi todo el territorio. El conejo fue liberado en Tierra del Fuego alrededor de 1936. Otro núcleo está ampliando su distribu-

Castor en Tierra del Fuego.

Visón

ción desde el suroeste de Mendoza y norte de Neuquén. Estos animales "se reproducen como conejos" y ocasionan graves daños a la vegetación.

Recientemente la ardilla de panza roja asiática, traída como mascota, se escapó accidentalmente en los alrededores de Luján. El "simpático" animal comenzó a reproducirse hasta convertirse en un problema que roe cables de teléfono y depreda cuanto nido de ave existe por la zona.

En otros casos, la introducción tiene fines comerciales. El visón fue traído para su aprovechamiento peletero en criaderos de la Patagonia desde donde se liberó en las cercanías de Esquel. Luego de la "fuga", las poblaciones de este feroz animal se expandieron a lo largo de la región cordillerana, depredando nidos de aves, peces y pequeños mamíferos cordilleranos

En el año 1948 fueron llevados a la Isla Grande de Tierra del Fuego por el Ministerio de Marina, veinticinco casales de castores provenientes de Canadá, para su aprovechamiento como animal peletero. Poco después el valor de su piel no justificaba la captura y los castores se reprodujeron y distribuyeron hasta llegar a Chile. Entre otros problemas, su costumbre de construir diques ocasiona la inundación del terreno y afecta a los bosques de lenga y ñire, que terminan "muriendo en pie". Además, los embalses se congelan en invierno y permiten que las ovejas los crucen y se mezclen las majadas. En 1948 se introdujo la rata almizclera, con el mismo propósito de aprovechamiento peletero.

Otros motivos de introducción son cinegéticos. Los más conocidos y con los que se ha generado una industria gastronómica y deportiva son el jabalí y el ciervo colorado.

El ciervo colorado fue introducido por Pedro Luro, hacia 1906 o 1908, en una estancia de su propiedad en la provincia de La Pampa. De este lote inicial entre 1917 y 1922, Roberto Hohmann adquiere y lleva ejemplares hasta la provincia del Neuquén, en la estancia Collun-Co, desde donde la especie se expandió invadiendo los bosques cordilleranos. En 1973 fue introducida en la Provincia de Tucumán por un club de caza.

Hoy se lo encuentra entonces en Tucumán, parte de la Pampa y Buenos Aires y una franja que desde el oeste de la provincia de Mendoza recorre hasta Neuquén, Río Negro y Norte de Chubut y se está expandiendo hacia el sur. Actualmente su cría representa una industria gastronómica importante. Entre los problemas ambientales que genera está la modificación del hábitat al ramonear y pisotear plantas nativas, hecho que es muy fácil de observar, por ejemplo en la isla Victoria del Lago Nahuel Huapi, y ser un posible competidor del territorio de especies nativas amenazadas como el caso del huemul y del pudú.

El jabalí también fue traído por primera vez a la provincia de la Pampa junto con el ciervo colorado. Hoy su área de dispersión es aún mayor que la del ciervo ya que ocupa importantes zonas del centro y sur del país. En Neuquén y Chubut se realizan actualmente festividades, como la semana de cacerías con dogo y cuchillo, que tienen como presa a este gran pariente de los pecaríes argentinos. Su mayor tamaño y gran voracidad lo convierten en un problema ambiental, ya que preda sobre pichones silvestres, pequeños mamíferos y brotes de vegetación nativa como se ha comprobado en el Parque Nacional el Palmar de Colón, en Entre Ríos y "ara" campos con sus hocicadas.

Menos populares pero igualmente "letales" al ambiente son el antílope cervicapra, el ciervo axis y el ciervo dama, introducidos en diversas zonas del país (por ejemplo, provincias de Córdoba, Entre Ríos y Santa Fe).

Algunas de estas introducciones fueron realizadas hacia la década de 1930 por el millonario aficionado a la caza Aarón de Anchorena, tanto en su estancia de Uruguay, como en la Isla Victoria del Parque Nacional Nahuel Huapi. En el artículo "Los ciervos de Anchorena", publicado en el diario *El día*, el 29 de junio de 1952, el propio Aarón confiesa al autor de la nota, Eladio Lamas, su honda preocupación por la dispersión que los ciervos descendientes de los ejemplares originales de su estancia están alcanzando en ese momento.

Ciervo Axis

Anchorena se muestra especialmente sorprendido de la capacidad de adaptación del ciervo axis o chital, cuyos primeros ejemplares él mismo había importado desde la India: *"Con esta hermosa especie ornamental, indomesticable, ha ocurrido un fenómeno curioso: mientras nuestros ciervos y venados autóctonos están desapareciendo totalmente, aquellos de origen exótico se han adaptado de una manera admirable al nuevo medio, en la plenitud de sus formas y desarrollo"*. El ciervo asiático aquí ha resultado más rústico y reacio a contraer las epidemias del ganado —concuerda el cronista—, amenazando en su expansión a convertirse en una plaga para la agricultura, porque no debe olvidarse que son herbívoros *"y no hay alambrado común que los ataje en su agilidad extrema para correr y saltar"*.

Ciervo Colorado.

Antílope negro de la India.

Se suma a estos proyectos la incorporación de renos en Tierra del Fuego donde no prosperaron y murieron todos los ejemplares. Sin embargo, la especie se adaptó en las Georgias del Sur donde se encuentra una pequeña población.

La introducción de la mayoría de las especies en nuestro territorio se motiva partiendo del supuesto erróneo de que nuestro país es pobre en fauna y que las nuevas especies simplemente aumentarán la variedad. Esperamos que este libro que el lector tiene en sus manos contribuya a romper ese mito. A pesar de las contraindicaciones de ecólogos y ambientalistas, cada tanto nacen nuevos proyectos de introducción. Los más descabellados, y afortunadamente incumplidos, fueron la incorporación de osos pardos en los bosques andino-patagónicos, ideado por Aarón de Anchorena, y la propuesta de incorporar hipopótamos en los Esteros del Iberá, proyecto que llegó incluso a la legislatura correntina y que dio origen a la novela *Imposible equilibrio* de Mempo Giardinelli. La "contaminación por especies" puede ser irreversible y generalmente es muy difícil de controlar. Cuando una especie exótica se establece y se vuelve invasora, su control siempre es traumático. Generalmente se eligen métodos sencillos pero laboriosos, como el trampeo o la caza con armas, pero también se intentó con la introducción de enfermedades, como el virus de la mixomatosis, letal para los conejos. Los métodos elegidos para el control de exóticos deben ser socialmente aceptables, operativos y del menor impacto posible para el ecosistema. Pero, antes de esto, hay que evitar los ingresos de nuevas plagas potenciales a través de una adecuada reglamentación, concientización pública y la capacitación del personal de aduana y policía. Como siempre apostamos a la educación y a su resultado a mediano plazo: la valoración que nos permita apreciar nuestra naturaleza diferenciándola de la foránea.

La conservación de los mamíferos argentinos

El Planeta se encuentra en crisis y los humanos somos responsables de ello. Nunca como hasta ahora la humanidad tuvo en sus manos la capacidad de alterar su entorno de manera tan drástica. El asombroso desarrollo tecnológico que permitió mejorar la calidad de vida de una parte de la población también generó la pérdida de bosques y selvas, la transformación de áreas fértiles en desiertos y un creciente nivel de contaminación del agua, el aire y el suelo. Mientras tanto, la población humana y sus demandas continúan aumentando. Y si bien para algunos países o grupos sociales la inmensa crisis aparenta no tener efectos, para la gran mayoría de la humanidad la calidad de vida disminuye y la pérdida de los recursos naturales trae aparejado la pérdida de tradiciones, cultura e identidad.

La pérdida de un sitio para vivir es el principal problema para cualquiera.

Es necesario comprender que somos el producto del medio y que al destruir nuestro patrimonio de paisajes, fauna y flora destruimos nuestras raíces. Los mamíferos son uno de los grupos más importantes en relación con nuestras tradiciones. Aparecen en representaciones de alfarería, tejidos o pinturas rupestres de los primeros habitantes de estas tierras, son protagonistas de nuestras leyendas y nuestra literatura y aún hoy representan recursos de subsistencia para muchas comunidades.

Los cambios ambientales se desarrollan sin control y muchos de los animales más representativos de nuestro país están en peligro. Basta comparar la distribución geográfica original y actual de especies como el yaguareté, el venado de las pampas o el aguará guazú para darnos cuenta que algunos de los animales más representativos de nuestra fauna se encuentran en problemas. Por ello su futuro dependerá de las decisiones que tomemos en torno al manejo de los campos productivos, de las áreas naturales, de los proyectos de desarrollo, de los programas educativos y de protección de sus poblaciones.

Son varios los factores que pueden llevar a una especie animal a la extinción, pero a pesar de lo que el imaginario colectivo suele suponer, la caza no es el mayor problema. Una especie puede soportar esa presión si cuenta con territorios extensos y conservados que alberguen una cantidad de ejemplares suficientes como para que la población se recupere de las "bajas". Pero la situación es trágica cuando se modifican cientos de miles de kilómetros cuadrados de habitats naturales para satisfacer las actividades humanas a través de campos agrícolas o ganaderos, nuevos poblados, bosques implantados, represas, canales, caminos y otras obras. Un ejemplo de ello son las rutas y barreras artificiales como el alambrado. La construcción de carreteras y vías de acceso de distinto tipo han sido especialmente destructivas en una escala a cuentagotas, pero no poco significativa. Comadrejas, zorros, zorrinos, gatos monteses y mulitas son algunas de las frecuentes víctimas de las carreteras de nuestro país. Es obvio, entonces, que la mayoría de las especies no pueden adaptarse a esas nuevas condiciones y desaparecen, se extinguen.

Estos no son problemas de fácil solución. La creación de áreas protegidas es importante, pero no suficiente. Se deben imaginar modelos productivos sustentables, que preserven sectores naturales y que no contaminen ni destruyan el mundo natural, a veces, innecesariamente.

Históricamente, los grandes mamíferos fueron perseguidos por sus carnes, pieles, cueros, huesos, cornamentas, garras, pezuñas o colmillos, pero en lo que respecta a la caza debemos diferenciar aquella llamada "de subsistencia", que se realiza para satisfacer las necesidades básicas en la dieta de aquellas poblaciones rurales más necesitadas. De este tipo de cacería son presas corrientes entre otros los ciervos (particularmente corzuelas), los armadillos, piches y tatúes, los pecaríes, los guanacos, la vizcacha y algunos roedores como el carpincho y la paca. No es esta caza la que afecta más gravemente a las poblaciones y se debe buscar la forma de regularla, estableciendo cupos y épocas de veda. Otra situación diferente presenta la caza deportiva que en nuestro país tiene escaso control. Desafortunadamente son pocos los cazadores deportivos responsables y los que ayudan o invierten para conservar la fauna. Muchas especies críticamente amenazadas sufren las consecuencias de ser un codiciado trofeo, como sucede con el venado de las pampas, el ciervo de los pantanos, el huemul, la taruca o el yaguareté. Otra forma de caza es la que ocurre para satisfacer el mercado de mascotas como sucede con los monos y particularmente, con el mono carayá. Con frecuencia cachorros de pumas son capturados para transformar su condición silvestre en "doméstica" se le amputan las garras y extraen los colmillos a fin de atemperar su peligrosidad. Animales "raros" como el aguará guazú, el oso hormiguero o el tatú carreta son buscados para abastecer los pedidos de colecciones zoológicas, que rara vez devuelven lo que toman prestado de la naturaleza.

Ocelote atropellado por exceso de velocidad en al Parque Nacional Iguazú.

Existe además la caza comercial. Ha surgido por ejemplo para cubrir el mercado de cueros y pieles que muchas veces depende de las demandas impuestas por la moda y las leyes del mercado. Algunas especies sufrieron hasta finales de la década de 1980, una persecución intensiva. En un período de diez años entre 1975 y 1985 se exportaron 2.400.000 pieles de coypos o "nutrias" y 500.000 pieles de zorros, además de 106.000 pieles de zorrinos. En la actualidad, este tipo de comercio resulta menos reditulable y se redujo debido a la toma de conciencia de la población, pero sobre todo a la falta de planificación del uso sustentable. Después de todo, el desafío no es dejar de usar, sino usar bien, como lo hacemos con el ganado. Otro caso conocido de caza comercial es la de los cetáceos. La ballenera fue durante muchos años una industria poderosa que llevó a muchos de los grandes mamíferos como la ballena azul o la franca, al borde de la extinción. Para solucionar la situación en el año 1946 se creó la *Comisión Ballenera Internacional*, organismo de las Naciones Unidas que integra la Argentina, pero cuyo papel en la protección de las ballenas es un tanto débil, ya que sólo está facultada para realizar "reco-

La industria ballenera del siglo XIX tenía algo de "deportivo". Hoy las masacres son muy eficaces.

mendaciones" o "sugerencias". Y la matanza continúa... Países como Noruega, Japón o Islandia no se atienen a la moratoria, alegando que su caza comercial es, en realidad, de "investigación científica". Otros cetáceos menores como el delfín del plata, la tonina overa o el delfín oscuro son víctimas de las redes de pesca y de la persecución directa, porque se los considera competencia directa con las actividades pesqueras. Los pinnípedos también sufrieron una intensa presión de caza comercial principalmente en los siglos XIX y primera mitad del XX. Hoy en la Argentina sus poblaciones se encuentran en recuperación y las colonias de cría se convirtieron en un atractivo turístico, pero el lobo marino de dos pelos u oso marino austral continúa escaso.

De acuerdo a la información del libro rojo de mamíferos y aves amenazados de la Argentina, del total de 339 especies de mamíferos del país uno se ha extinguido, el zorro lobo de las islas Malvinas y 69 de ellos que representan el 20 % del total se encuentran amenazadas. Los mamíferos silvestres forman parte de los recursos naturales del país y su administración y manejo depende de la autoridad que aplica las leyes de fauna. Sin embargo, cada provincia tiene su propia normativa y su propia dependencia que administra este tipo de recursos con mayor o menor eficacia. Falta, por ello, unificar criterios integradores de manejo racional de nuestra fauna y establecer cupos de caza y medidas de manejo que sean coherentes con estudios poblacionales adecuados de las diferentes especies.

Como vemos son variados los problemas que sufren nuestros mamíferos. Pero su conservación no compete sólo a los técnicos o administradores de los recursos de nuestro país. En tanto y en cuanto comprendamos que cada yaguareté, cada ballena o pequeño roedor que transita por el territorio argentino nos pertenece, que forma parte de nuestra riqueza como nación, generaremos el compromiso como para hacer algo por su preservación. Aunque sea contarles a nuestros amigos de su existencia porque, claro, el primer paso es conocerlos. Por eso confiamos en que este libro puede ser usado como una herramienta para crear conciencia y movilizar a los argentinos a defender su naturaleza. Hacemos votos para que nuestros hijos y nietos tengan la oportunidad de vivir la misma emoción que nosotros al ver los venados iluminando el pastizal pampeano y a los yaguaretés todavía reinando en los montes impenetrables del norte argentino.

Bibliografía

Se incluye una lista de los principales trabajos no científicos, pero los lectores interesados encontrarán una gran cantidad de publicaciones técnicas.

Autores varios. 1982-1984. *Fauna Argentina*. Centro editor de América Latina. Buenos Aires.
Colección, pionera en la divulgación de las ciencias naturales de nuestro país. Se encuentra agotada pero es una obra importante por su documentación fotográfica y la calidad de los textos realizados por diferentes especialistas.

Azara, Félix de.1802. *Apuntamientos para la historia natural de los cuadrúpedos del Paraguay y Río de la Plata*. Imprenta de la Viuda de Ibarra. Madrid.
Plagada de anécdotas, usos y costumbres de los mamíferos de la región del Paraguay y Río de la Plata. El primer trabajo técnico-científico realizado sobre los mamíferos de nuestro territorio. Sólo en algunas bibliotecas.

Bárquez, R., Mares, M. y **Ojeda, R.** 1991. *Mamíferos de Tucumán*. Oklahoma Museum of Natural History. University of Oklhaoma. Oklahoma.
Guía con ilustraciones, dibujos de cráneos y mapas de distribución.

Barquez, R.,Giannini, N y **Mares, A.** 1993. *Guide to the bats of Argentina*. Oklahoma Museum of Natural History. University of Oklahoma. Oklahoma.
Una obra bilingue con mapas de distribución y dibujos de todas las especies de murciélagos del país.

Becker, M. y **Dalponte, J. C.** 1991. *Rastros de mamíferos silvestres brasileiros*. IBAMA. Brasil.

Bertonatti, C. 1996-2003. *Fichas del Libro Rojo*. Revista de la Fundación Vida Silvestre Argentina. Nros. varios. Buenos Aires.
Estas fichas realizan un importante aporte a la divulgación de nuestra naturaleza amenazada.

Cabrera, A. 1922. *Manual de Mastozoología Galach*. Calpe. Madrid.
Hasta su muerte en 1960 Ángel Cabrera lideró el conocimiento de los mamíferos en la Argentina. Aunque ha perdido actualidad es una atractiva obra para coleccionistas.

Cabrera, A. y **Yepes, J.** 1940. *Mamíferos Sudamericanos*. Historia Natural Ediar. Compañía Argentina de Editores. Buenos Aires.
Una de las mejores obras sobre nuestros mamíferos. La redacción es entretenida y fluida y contiene gran cantidad de información histórica y natural. Una obra de lectura obligada para todo amante de la naturaleza. Existe una segunda edición pero ambas están agotadas.

Chebez, J. C. 1994. *Los que se van. Especies argentinas en peligro*. Albatros. Buenos Aires.
Un llamado de alerta sobre nuestra naturaleza en peligro. Con fotografías en color y dibujos en blanco y negro realizados por el artista Aldo Chiappe, la obra es un informe completo sobre la biología y situación de los mamíferos aves y reptiles amenazados de extinción en la Argentina.

Chebez, J. C. 1996. *Fauna Misionera*. Monografía Nro 5. L.O.L.A. Literature of Latin America. Buenos Aires.
Una monografía regional donde los mamíferos de la selva tienen su capítulo dedicado.

Diaz, Gabriela B y Ojeda, Ricardo (Compiladores) 2000 *Libro rojo de mamíferos amenazados de Argentina* SAREM.
La lista de los mamíferos amenazados del país que toma la Dirección de Fauna como su patrón oficial

Emmons, L. H. 1999. *Mamíferos de los bosques húmedos de América tropical. Una guía de Campo*. Editorial F.A.N. Santa Cruz de la Sierra.
Guía con mucha información sobre los mamíferos de las selvas de Sudamérica.

Giai, A. 1975. *Vida de un naturalista en Misiones*. Albatros. Buenos Aires.

González, E. M. 2001. *Guía de campo de los Mamíferos de Uruguay*. Vida Silvestre. Sociedad Uruguaya para la Conservación de la Naturaleza. Montevideo.
Una completa guía de campo con dibujos de las especies, sus cráneos, huellas y mapas de distribución.

Heinonen Fortabat, S. y **Chebez, J. C.** 1997. *Los mamíferos de los Parques Nacionales de Argentina*. Monografía Especial Nro 14 editorial L.O.L.A. Buenos Aires.
Revisión de las citas de los mamíferos protegidos dentro de los parques nacionales. Un documento que ayuda a comprender la importancia de la creación de nuevas áreas protegidas para proteger nuestra biodiversidad.

Housse, R. 1940. *Animales salvajes de Chile en su clasificación moderna. Su vida y costumbres*. Publicaciones de la Universidad de Chile. Santiago de Chile.
Un libro de colección clásico de la "historia natural" con narraciones únicas sobre los mamíferos chilenos

Hudson, G. E. 1984. *Un naturalista en el Plata*. Editorial Hispanoamericana. Buenos Aires.
Un libro ameno lleno de experiencias narradas con maravillosa pluma.

Iñiguez Bessega, M. 1992. *Orcas de la Patagonia: Monografía basada en la experiencia del autor*.
Un libro sencillo y certero sobre uno de los cetáceos más espectaculares de nuestra fauna.

Juliá, J., Richard, E., Pereira, J. y **Fracassi, N.** 2000. *Introducción a la biología, uso y estatus de los felinos de Argentina*. Serie apuntes N° 2. Universidad Nacional de Tucumán. Tucumán.

Lichter, A. 1992. *Huellas en la arena, sombras en el Mar. Los mamíferos marinos de Argentina*. Ediciones Terra Nova. Buenos Aires.
Libro de edición muy cuidada. Escrito por varios especialistas de este grupo de mamíferos, que aportan experiencias de vida y trabajo.

López, J. C. 2000. *Orcas. Entre el mito y la realidad*. Colección Rumbo Sur. Editorial Sudamericana. Buenos Aires.
La asombrosa experiencia de años de trabajo con orcas de un guardafauna de patagonia.

Mann Fischer, Guillermo. 1978. *Los pequeños mamíferos de Chile*. Gayana nro. 40. Zoología. Universidad de Concepción. Chile.

Mares, A., Ojeda, R. y **Bárquez, R.** 1989. *Guía de los mamíferos de la provincia de Salta*. University of Oklahoma. Oklahoma.

Massoia, E. y Chebez, J. C. 1993. *Mamíferos silvestres del Archipiélago Fueguino*. L.O.L.A. Buenos Aires.
Prolijo trabajo de revisión bibliográfica con novedosos aportes sobre los mamíferos de la región. Una obra que merece ser replicada en otras provincias.

Massoia, Elio; Forasiepi, Analía y **Teta, Pablo**. 2000. *Los Marsupiales de la Argentina*. L.O.L.A. Buenos Aires.
Un importante aporte al conocimiento de nuestros marsupiales con dibujos de las especies y sus cráneos.

Moreno, D. 1993. *Ciervos autóctonos de la República Argentina*. Boletín técnico nro. 17. F.V.S.A. Buenos Aires.

Muñoz Pedreros, A. y **Yánez Valenzuela**. 2000. *Mamíferos de Chile*. Cea Ediciones. Santiago de Chile.
Extenso trabajo monográfico de los mamíferos chilenos realizado por 26 especialistas. Muy completo y recomendable para quienes quieran profundizar en el estudio de la mastozoología trasandina.

Nowak, R. 1999. *Walker's mammals of the world*. Baltimore and London.

Olrog, C. C. y **Lucero, M. M.** 1981. *Guía de los mamíferos argentinos*. Fundación Miguel Lillo. Tucumán.
Tiene el mérito de ser la primera y hasta ahora única guía de mamíferos del país.

Parera, A. y Erize, F. 2002. *Los mamíferos de la Argentina y la región austral de Sudamérica*. Editorial El Ateneo. Buenos Aires.
Excelente trabajo de recopilación de información con muy buenas ilustraciones y abundante y valioso material fotográfico. Tiene además una completísima bibliografía.

Parera, A. 1996. *Las nutrias verdaderas de Argentina*. Boletín técnico Nro 21 Fundación Vida Silvestre Argentina. Buenos Aires.

Redford, K. H. y **Eisemberg J.** 1992. *Mammals of the Neotropics*. Vol. 2 The Southern Cone. Chile, Argentina, Uruguay y Paraguay. University of Chicago Press. Chicago.
Un completo trabajo sobre los mamíferos del cono sur.

Serret, A. 2000. *El huemul fantasma de la patagonia*. Editorial Zagier y Urruty. Buenos Aires.
Excelente monografía dedicada a una especie emblemática y amenazada de extinción. Al estilo de las viejas "historias naturales" se desarrollan todos los aspectos sobre este ciervo amenazado.

Silva, F. 1984. *Mamíferos silvestres de Río Grande do Sul.* Fundaçao Zoobotanica Rio Grande do Sul. Porto Alegre.
Un atractivo libro con buenas fotografías

Vuletin, Alberto. 1960. *Zoonomía Andina. Nomenclador zoológico.* Universidad Nacional de Tucumán. Facultad de Filosofía y Letras. Instituto de Lingüística y Folklore. Santiago del Estero.

www.medioambiente.gov.ar/faq/especies_cites/mamiferos.htm
Información sobre medio ambiente con especial énfasis sobre la situación de los mamíferos sudamericanos.

www.unl.edu.ar/santafe/museocn/catalog4.htm
Información sobre mamíferos del litoral mesopotámico argentino.

www.monografias.com/trabajos5/mamimar/mamimar.shtml
Información sobre cetáceos y mamíferos marinos, especialmente los sudamericanos.

www.cricyt.edu.ar/mn
Página oficial de la Sociedad Argentina para el estudio de los Mamíferos.

www.vidasilvestre.org.ar
Página oficial de la Fundación Vida Silvestre Argentina. Información sobre especies amenazadas: proyecto yaguareté, venado de las pampas, huemul, ballena franca, etc.

www.cricyt.edu.ar/mn
Enlaces con numerosas páginas sobre mamíferos de distintos países Grupos zoológicos especialistas de UICN y páginas educativas.

www.acen.org.ar/gatosdelmonte.html
La presentación de un innovador proyecto sobre el estudio y conservación de los felinos en argentinos.

Lista de fotógrafos

Alonso, Julián: página 121

Aprile, Gustavo: páginas 39, 80, 119

Arias, Alejandro: página 91

Baschetto, Fidel: páginas 77, 127

Bastida, Ricardo: página 99

Bertonatti, Claudio: páginas 40, 57, 58, 104

Calo, José y Adriana: página 51

Campomar, Juan: página 145

Canevari, Marcelo: páginas 3, 6, 7, 15, 20, 21, 22, 25, 28, 29, 31, 33, 34, 35, 38, 45, 46, 47, 48, 50, 53, 54, 57, 58, 59, 62, 63, 64, 66, 69, 72, 73, 74, 75, 76, 78, 79, 81, 82, 85, 87, 89, 91, 93, 98, 100, 102, 103, 104, 107, 108, 109, 111, 112, 113, 118, 120, 123, 124, 128, 129, 131, 132, 135, 136, 137, 138, 139, 140, 142, 146, 147, 148

Canevari, Pablo: páginas 27, 116, 141, 92

Chiesa, Raúl: página 59

Cinti, Roberto Rainer : páginas 60, 101

Fernández Balboa, Carlos: páginas 52, 61, 65, 68, 105, 106, 114, 115, 134, 143

Gil Carbó, Guillermo: página 49

Haene, Eduardo: página 42

Heinonen Fortabat, Sofía: páginas 26, 43, 44, 67

Iñiguez, Miguel: páginas 94, 96, 97

Johnson, Andrés: páginas 23, 24, 130, 144

Lopreiato, Marisú: página 110

Porini, Gustavo: páginas 30, 36

Ramilo, Eduardo: página 70

Rodríguez Goñi, Hernán: páginas 56, 71, 111

Rodríguez Mata, Jorge: páginas 31, 32, 37, 125

Rumboll, Mauricio: páginas 63, 83, 84, 86, 88, 95, 133,145

Serret, Alejandro: páginas 112, 122

Tomicich, Alejandro (Vida Silvestre del Uruguay): páginas 19, 126

White, Emilio: página 55

A todos los fotógrafos muchísimas gracias por jerarquizar este trabajo con sus imágenes.

Índice general

Uno nunca sabe... 5
Introducción 6
¿Qué es un mamífero? 8
El origen de los mamíferos de América del sur 9
Los que estudiaron nuestros mamíferos 11
El estudio de los mamíferos hoy 14
Uso del libro 15

Orden Didelphimorphia 19
    Familia Didelphidae (comadrejas, mbicurés,
    colicortos y otros) 19
Orden Paucituberculata 20
    Familia Caenolestidae (ratón runcho) 20
Orden Microbiotheria 20
    Familia Microbiotheriidae (monito del monte) 20
1 Comadreja picaza 21
2 Comadreja de orejas negras 22
3 Comadrejita ágil 23
4 Comadreja colorada 24
5 Marmosa cenicienta 25
6 Colicorto chaqueño 26
7 Comadrejita común 27
8 Comadrejita enana 28
9 Monito del monte 29

Orden Xenarthra (edentados) 30
    Familia Dasypodidae (armadillos) 30
    Familia Myrmecophagidae (osos hormigueros) ... 31
    Familia Bradypodidae (perezosos) 31
10 Tatú-piche 32
11 Piche llorón 33
12 Peludo 34
13 Mulita pampeana 35
14 Tatú carreta 36
15 Mataco 37
16 Piche patagónico 38
17 Oso hormiguero 39
18 Oso melero 40

Orden Chiroptera (murciélagos) 41
    Familia Noctilionidae (murciélagos pescadores) .. 42
    Familia Phyllostomidae (murciélagos de hoja nasal) 42
    Familia Vespertilionidae (murciélagos chicos) 42
    Familia Molossidae (murciélagos cola de ratón) .. 42
19 Murciélago pescador chico 43
20 Murciélago gigante 44

21 Murciélago picaflor 45
22 Murciélago cara listada 46
23 Falso vampiro común 47
24 Vampiro común 48
25 Murciélago rojizo 49
26 Moloso común 50

Orden Primates 51
    Familia Cebidae (cébidos) 52
27 Carayá 53
28 Carayá rojo 54
29 Mirikiná 55
30 Mono caí 56

Orden Carnivora 57
    Familia Canidae 57
    Familia Felidae (puma, yaguareté y gatos) 57
    Familia Mustelidae (mustélidos) 58
    Familia Procyonidae (prociónidos) 59
31 Zorro de monte 60
32 Aguará guazú 61
33 Zorro colorado 62
34 Zorro gris 63
35 Yaguarundí 64
36 Ocelote 65
37 Tirica 66
38 Margay 67
39 Gato del pajonal 68
40 Gato montés 69
41 Gato huiña 70
42 Puma 71
43 Yaguareté 72
44 Lobito de río 73
45 Lobo gargantilla 74
46 Zorrino común 75
47 Zorrino patagónico 76
48 Hurón mayor 77
49 Hurón menor 78
50 Coatí 79
51 Aguará popé 80

Orden Pinnipedia (pinnípedos) 81
    Familia Otaridae (lobos marinos) 81
    Familia Phocidae (focas) 81
52 Lobo fino patagónico 83
53 Lobo fino antártico 84

54 León marino austral 85
55 Leopardo de mar 86
56 Foca de Weddell 87
57 Foca cangrejera 88
58 Elefante marino austral 89

Orden Cetaceae 90
Suborden Mysticeti 90
    Familia Balaenopteridae 90
    Familia Balaenidae 91
Suborden Odontoceti 91
    Familia Ziphidae 91
    Familia Physeteridae 91
    Familia Delphinidae 91
    Familia Phocoenidae 92
    Familia Platanistidae 92
59 Ballena franca austral 93
60 Tonina overa 94
61 Delfín piloto 95
62 Delfín oscuro 96
63 Orca 97
64 Tonina 98
65 Delfín del Plata 99

Orden Perissodactyla 100
    Familia Tapiridae (tapir) 100
66 Tapir 101

Orden Artiodactyla 102
    Familia Tayassuidae (pecaríes o
    chanchos de monte) 102
    Familia Camelidae (guanacos, vicuñas, llamas
    y alpacas) 102
67 Pecarí de collar 105
68 Pecarí labiado 106
69 Llama 107
70 Guanaco 108
71 Alpaca 109
72 Vicuña 110
73 Ciervo de los pantanos 111
74 Huemul 112
75 Corzuela parda 113
76 Corzuela enana 114
77 Venado de las pampas 115
78 Pudú 116

Orden Rodentia 117
    Familia Sciuridae (ardillas) 117
    Familia Muridae (ratas y ratones) 117
    Familia Erethizontidae (coendúes) 118
    Familia Caviidae (cuises y maras) 118
    Familia Hydrochaeridae (carpincho) 118
    Familia Dasyproctidae (acutíes) 118
    Familia Agoutidae (pacas) 118
    Familia Chinchillidae (vizcachas, chinchillones
    y chinchillas) 118
    Familia Abrocomidae (ratas chinchilla) 119
    Familia Myocastoridae (coipos) 119
    Familia Echimydae (ratas espinosas) 119
    Familia Octodontidae (degúes, chos-chos
    y otros) 119
    Familia Ctenomyidae (tuco-tucos) 119
Orden Lagomorpha 120
    Familia Leporidae (liebres y conejos) 120
79 Ardilla gris 121
80 Ardilla roja 122
81 Ratón de monte 123
82 Ratón hocico bayo 124
83 Rata nutria común 125
84 Rata de pajonal 126
85 Coendú misionero 127
86 Chinchilla grande 128
87 Chinchillón común 129
88 Chinchillón anaranjado 130
89 Vizcacha 131
90 Cuis grande 132
91 Cuis chico 133
92 Mara 134
93 Conejo de los palos 135
94 Carpincho 136
95 Acutí rojizo 137
96 Paca 138
97 Tuco-tuco costero 139
98 Tuco-tuco austral 140
99 Tuco-tuco puneño 141
100 Coipo 142

Mamíferos introducidos en la Argentina 143
"Los invasores" 143
La conservación de los mamíferos argentinos 147
Bibliografía 150

Índice de nombres científicos

(Por orden alfabético)

Abrothrix xanthorhinus Ratón hocico bayo 124
Agouti paca Paca 138
Akodon cursor Ratón de monte 123
Alouatta caraya Carayá 53
Alouatta guariba Carayá rojo 54
Aoutus azarai Mirikiná 55
Arctocephalus gazella Lobo fino antártico 84
Arctocephalus australis Lobo fino patagónico 83
Artibeus lituratus Murciélago cara listada 46
Blastocerus dichotomus Ciervo de los pantanos 111
Cabassous chacoensis Tatú-piche 32
Cavia aperea Cuis grande 132
Cebus apella Mono caí 56
Cephalorhynchus commersonii Tonina overa 94
Cerdocyon thous Zorro de monte 60
Chaetophractus vellerosus Piche llorón 33
Chaetophractus villosus Peludo 34
Chinchilla brevicaudata Chinchilla grande 128
Chrotopterus auritus Murciélago gigante 44
Chrysocyon brachyurus Aguará guazú 61
Conepatus chinga Zorrino común 75
Conepatus humboldtii Zorrino patagónico 76
Ctenomys australis Tuco-tuco costero 139
Ctenomys magellanicus Tuco-tuco austral 140
Ctenomys opimus Tuco-tuco puneño 141
Dasyprocta azarae Acutí rojizo 137
Dasypus hybridus Mulita pampeana 35
Desmodus rotundus Vampiro común 48
Didelphis albiventris Comadreja picaza 21
Didelphis aurita Comadreja de orejas negras 22
Dolichotes patagonum Mara 134
Dromiciops gliroides Monito del monte 29
Ducicyon culpaeus Zorro colorado 62
Ducicyon gymnocercus Zorro gris 63
Eira barbara Hurón mayor 77
Eubalaena australis Ballena franca austral 93
Galictis cuja Hurón menor 78
Globicephala melas Delfín piloto 95
Glossophaga soricina Murciélago picaflor 45
Gracilinanus agilis Comadrejita ágil 23
Herpailurus yaguarondi Yaguarundí 64
Hippocamelus bisulcus Huemul 112
Holochilus brasiliensis Rata nutria común 125

Hydrochoerus hydrochaeris Carpincho 136
Hydrurga leptonyx Leopardo de mar 86
Lagenorhynchus obscurus Delfín oscuro 96
Lagidium viscacia Chinchillón común 129
Lagidium wolffsohni Chinchillón anaranjado 130
Lagostomus maximus Vizcacha 131
Lama glama Llama 107
Lama guanicoe Guanaco 108
Lama pacos Alpaca 109
Lasiurus blossevillii Murciélago rojizo 49
Leo onca Yaguareté 72
Leopardus pardalis Ocelote 65
Leopardus tigrinus Tirica 66
Leopardus wiedii Margay 67
Leptonychotes weddellii Foca de Weddell 87
Lobodon carcinophagus Foca cangrejera 88
Lontra longicaudis Lobito de río 73
Lutreolina crassicaudata Comadreja colorada 24
Lynchailurus pajeros Gato del pajonal 68
Mazama gouazoubira Corzuela parda 113
Mazama nana Corzuela enana 114
Micoureus demerarae Marmosa cenicienta 25
Microcavia australis Cuis chico 133
Mirmecophaga tridactyla Oso hormiguero 39
Mirounga leonina Elefante marino austral 89
Monodelphis domestica Colicorto chaqueño 26
Myocaster coypus Coipo 142
Nasua nasua Coatí 79
Noctilio albiventris Murciélago pescador chico 43
Oncifelis geoffroyi Gato montés 69
Oncifelis guigna Gato huiña 70
Orcinus orca Orca 97
Otaria flavescens León marino austral 85
Ozotoceros bezoarticus Venado de las pampas ... 115
Pecari tajacu Pecarí de collar 105
Pediolagus salinicola Conejo de los palos 135
Pontoporia blainvillei Delfín del Plata 99
Priodontes maximus Tatú carreta 36
Procyon cancrivorus Aguará popé 80
Pteronura brasiliensis Lobo gargantilla 74
Pudu puda Pudú 116
Puma concolor Puma 71
Scapteromys tumidus Rata de pajonal 126

Sciurus aestuans Ardilla gris 121
Sciurus ignitus Ardilla roja 122
Sphiggurus spinosus Coendú misionero 127
Sturnina lilium Falso vampiro común 47
Tadarida brasiliensis Moloso común 50
Tamandua tretradactyla Oso melero 40
Tapirus terrestris Tapir 101

Tayassu pecari Pecarí labiado 06
Thylamys elegans Comadrejita común 27
Thylamys pusilla Comadrejita enana 28
Tolypeutes matacus Mataco 37
Tursiops truncatus Tonina 98
Vicugna vicugna Vicuña 110
Zaedyus pichiy Piche patagónico 38